全国普通高等中医药院校药学类专业第三轮规划教材

大学化学实验

（供药学、中药学及临床医学等专业用）

主　编　张浩波　陈　晖

副主编　谢永强　戴红霞　张义福　张　建　施小宁

编　者　（以姓氏笔画为序）

牛鹏贤　任春燕　吴　蓉　汪　森　张　建

张义福　张浩波　陈　晖　赵晓娟　段国建

施小宁　崔珑琛　彭雪晶　谢永强　靳晓杰

戴红霞

中国健康传媒集团

中国医药科技出版社

内 容 提 要

本教材是"全国普通高等中医药院校药学类专业第三轮规划教材"之一。全书共分为 4 个部分、48 个实验。本教材的编写秉承以学生为中心的理念，根据新时期医药学类专业人才培养目标，结合多年的教学经验和实际，按照循序渐进的原则安排实验内容，融入思政教育。本教材主要内容包括化学实验基础知识、化学实验基本操作技术、化学技能实验项目、综合性和设计性实验等，附录部分汇总了化学实验常用的理化数据、常用试剂的配制方法、干燥剂的使用等内容。本教材可作为全国高等中医药院校药学、中药学及临床医学专业的本科生教材，也可供相关科研单位或化学爱好者参考使用。

图书在版编目（CIP）数据

大学化学实验／张浩波，陈晖主编. -- 北京：中国医药
科技出版社，2024.12
全国普通高等中医药院校药学类专业第三轮规划教材
ISBN 978-7-5214-4689-0

Ⅰ．①大… Ⅱ．①张… ②陈… Ⅲ．①化学实验 - 中医学院 -
教材 Ⅳ．①O6-3

中国国家版本馆 CIP 数据核字（2024）第 110200 号

美术编辑　陈君杞
版式设计　友全图文

出版　**中国健康传媒集团**｜中国医药科技出版社
地址　北京市海淀区文慧园北路甲 22 号
邮编　100082
电话　发行：010 - 62227427　邮购：010 - 62236938
网址　www. cmstp. com
规格　889mm×1194mm $\frac{1}{16}$
印张　9
字数　262 千字
版次　2024 年 12 月第 1 版
印次　2024 年 12 月第 1 次印刷
印刷　天津市银博印刷集团有限公司
经销　全国各地新华书店
书号　ISBN 978-7-5214-4689-0
定价　**39.00 元**

获取新书信息、投稿、为图书纠错，请扫码联系我们。

出版说明

"全国普通高等中医药院校药学类专业第二轮规划教材"于2018年8月由中国医药科技出版社出版并面向全国发行，自出版以来得到了各院校的广泛好评。为了更好地贯彻落实《中共中央　国务院关于促进中医药传承创新发展的意见》和全国中医药大会、新时代全国高等学校本科教育工作会议精神，落实国务院办公厅印发的《关于加快中医药特色发展的若干政策措施》《国务院办公厅关于加快医学教育创新发展的指导意见》《教育部　国家卫生健康委　国家中医药管理局关于深化医教协同进一步推动中医药教育改革与高质量发展的实施意见》等文件精神，培养传承中医药文化，具备行业优势的复合型、创新型高等中医药院校药学类专业人才，在教育部、国家药品监督管理局的领导下，中国医药科技出版社组织修订编写"全国普通高等中医药院校药学类专业第三轮规划教材"。

本轮教材吸取了目前高等中医药教育发展成果，体现了药学类学科的新进展、新方法、新标准；结合党的二十大会议精神、融入课程思政元素，旨在适应学科发展和药品监管等新要求，进一步提升教材质量，更好地满足教学需求。通过走访主要院校，对2018年出版的第二轮教材广泛征求意见，针对性地制订了第三轮规划教材的修订方案。

第三轮规划教材具有以下主要特点。

1.立德树人，融入课程思政

把立德树人的根本任务贯穿、落实到教材建设全过程的各方面、各环节。教材内容编写突出医药专业学生内涵培养，从救死扶伤的道术、心中有爱的仁术、知识扎实的学术、本领过硬的技术、方法科学的艺术等角度出发与中医药知识、技能传授有机融合。在体现中医药理论、技能的过程中，时刻牢记医德高尚、医术精湛的人民健康守护者的新时代培养目标。

2.精准定位，对接社会需求

立足于高层次药学人才的培养目标定位教材。教材的深度和广度紧扣教学大纲的要求和岗位对人才的需求，结合医学教育发展"大国计、大民生、大学科、大专业"的新定位，在保留中医药特色的基础上，进一步优化学科知识结构体系，注意各学科有机衔接、避免不必要的交叉重复问题。力求教材内容在保证学生满足岗位胜任力的基础上，能够续接研究生教育，使之更加适应中医药人才培养目标和社会需求。

3.内容优化，适应行业发展

教材内容适应行业发展要求，体现医药行业对药学人才在实践能力、沟通交流能力、服务意识和敬业精神等方面的要求；与相关部门制定的职业技能鉴定规范和国家执业药师资格考试有效衔接；体现研究生入学考试的有关新精神、新动向和新要求；注重吸纳行业发展的新知识、新技术、新方法，体现学科发展前沿，并适当拓展知识面，为学生后续发展奠定必要的基础。

4.创新模式，提升学生能力

在不影响教材主体内容的基础上保留第二轮教材中的"学习目标""知识链接""目标检测"模块，去掉"知识拓展"模块。进一步优化各模块内容，培养学生理论联系实践的实际操作能力、创新思维能力和综合分析能力；增强教材的可读性和实用性，培养学生学习的自觉性和主动性。

5.丰富资源，优化增值服务内容

搭建与教材配套的中国医药科技出版社在线学习平台"医药大学堂"（数字教材、教学课件、图片、视频、动画及练习题等），实现教学信息发布、师生答疑交流、学生在线测试、教学资源拓展等功能，促进学生自主学习。

本套教材的修订编写得到了教育部、国家药品监督管理局相关领导、专家的大力支持和指导，得到了全国各中医药院校、部分医院科研机构和部分医药企业领导、专家和教师的积极支持和参与，谨此表示衷心的感谢！希望以教材建设为核心，为高等医药院校搭建长期的教学交流平台，对医药人才培养和教育教学改革产生积极的推动作用。同时，精品教材的建设工作漫长而艰巨，希望各院校师生在使用过程中，及时提出宝贵意见和建议，以便不断修订完善，更好地为药学教育事业发展和保障人民用药安全有效服务！

前言 PREFACE

　　大学化学实验是普通高等医药院校的一门重要的基础实验课程，包含无机化学实验、分析化学实验（含仪器分析实验）、有机化学实验、物理化学实验、化工原理实验的基本原理和基本内容。教材担负着使医药学类学生系统、全面地学习并掌握化学实验的基本操作技能，提高实验素养，培养动手实践能力和独立工作能力，为专业课程学习奠定基础的任务。根据新时期医药卫生人才培养目标和培养要求，秉承"以学生为中心"的理念，针对医药院校大学化学实验课程的特点，我们对教材内容进行科学设计、整体优化，注重基本理论、基本知识、基本技能的培养，突出专业特色，注重实用。在教材中重视综合素质的培养。

　　根据高校课程改革的要求，本教材在编写过程中吸收参编院校多年来在化学实验教学中的教学改革成果和经验，组织多位长期从事大学化学实验教学和管理的骨干教师参与编写，对实验内容进一步完善，更加切合实际，注重科学思维的训练，培养学生科学精神和品德，树立良好的核心价值观和社会责任感，激发学生的学习兴趣，促进学生创新意识的提高。本教材的主要特点如下。

　　(1) 立足中医药院校对大学化学实验的基本要求，注重实用性和可操作性。突出绿色化学理念，以小量化、微量化实验为主，减少有毒有害实验，培养学生绿色环保理念。

　　(2) 兼顾实验改革的要求和其他院校对大学化学实验的需求，力求普适性，关注学生长远发展。教材内容以医药行业发展为要求，与国家执业药师资格考试和执业医师资格考试有效衔接，体现学科发展前沿，并适当拓展知识面，为学生后续发展奠定必要的基础。

　　(3) 适应大学化学实验课程改革要求，重视综合性、设计性实验，加强基本操作技能训练，培养学生实践动手能力，培养学生的创新意识和认真细致的工作态度。

　　本教材由甘肃中医药大学药学院和教学实验实训中心的教师编写而成，在编写过程中参考了其他院校和出版社的优秀成果，在此表示衷心的感谢！

　　由于编者能力所限，书中的疏漏与不足之处在所难免，敬请各位同行和读者提出宝贵意见，以便及时完善和提高。

编　者

2024 年 9 月

CONTENTS 目录

第一部分　化学实验基础知识

一、化学实验与实验教学

（一）化学实验的目的和要求

化学是一门以实验为基础的科学，化学实验是化学理论的源泉，化学中的定律和学说几乎都来源于实验，同时又为实验所检验；实验又是探索未知世界的重要途径。因此，化学实验是对学生进行科学实验基本训练的必修基础课程。通过化学实验课，学生应受到下列训练。

1. 熟练掌握基本操作，正确使用各类仪器，具有取得准确实验数据的能力。

2. 掌握正确记录、数据处理和表达实验结果的方法。

3. 通过实验加深对化学基本理论的理解，对在实验中观察到的现象具有分析判断、逻辑推理和做出结论的能力。

4. 能正确设计实验，包括选择实验方法、实验条件、仪器和试剂等。初步具备解决实际问题的能力。

5. 掌握获取信息的能力，熟悉有关工具书、手册及其他信息源的查阅方法。

6. 培养严谨的工作作风和实事求是的科学态度，树立严格的"量"的概念以及养成良好的实验室工作习惯，相互协作的团队精神和开拓的创新意识，为学习后继课程和未来的科学研究及实际工作打下坚实的基础。

（二）化学实验室安全知识及意外事故处理

1. 实验仪器是国家财产，务必爱护，小心使用。玻璃仪器若有损坏，要填写赔损单并按一定比例赔偿。使用精密仪器时，必须严格按照操作规程，遵守注意事项，若发现异常或出现故障，应立即停止使用，报告教师。

2. 遵守试剂取用规则，注意节约药品，按实验中所规定的规格、浓度和用量正确操作取用。避免试剂瓶的滴管或瓶塞因离瓶混错而玷污，公用试剂、物品和仪器用毕应立即放回原处。要注意节约水、电和煤气。

3. 实验中或实验后的废液、废渣和毒物或回收品，应放在指定的废物箱、废液缸或回收容器中，严禁倒入水槽中，以防污染环境以及水槽被淤塞或腐蚀。

4. 实验完毕将玻璃仪器洗涤干净放回柜中，清理台面和试剂架，按顺序将试剂药品码放整齐，保持洁净。最后检查煤气阀门，水龙头和电闸门是否关好，值日生负责打扫卫生，保持实验室整洁，检查登记药品、仪器、安全和卫生等情况。

5. 安全操作第一、严守安全守则，不准在实验室吃东西、喝水，防止发生中毒、爆炸和烧伤等事故。

6. 实验完毕，清洗好实验仪器，整理好实验台面，经教师检查后得到允许，方可离开实验室。

（三）实验数据处理及实验报告的格式示例

实验数据处理与分析是科学研究过程中至关重要的一环。合理、准确地处理和分析实验数据，可以帮助研究者从海量的数据中提取有意义的信息，验证科学假设，推动科学进步。

实验报告是实验工作的全面总结，要用简明的形式将实验结果完整和真实地表达出来。因此，实验报告的质量将体现学生对实验内容的理解掌握、动手能力水平及实验结果的准确性水平。实验报告要求简明扼要，文理通顺，字迹端正，图表清晰，结论正确，分析合理，讨论力求深入。实验报告书写用纸要求格式正规化、标准化，绘制曲线的坐标纸切忌大小不一。为便于保存，最好用蓝黑墨水钢笔书写，避免用圆珠笔书写。实验曲线必须注明坐标、量纲、比例。数据计算单位必须用国际标准单位。

实验报告内容应包括以下 7 个部分。

1. 实验目的　简述实验的目的要求。

2. 实验原理　简要说明实验有关的基本原理、主要反应式及定量测定的方法原理等。

3. 实验仪器与试剂　包括实验所需的试剂、药材及仪器等。

4. 实验内容及步骤　实验者可按实验指导书上的步骤编写，也可根据实验原理由实验者自行编写，但一定要按实际操作步骤详细如实地写出来。设计性、综合性实验要画出设计流程图，并附必要的设计说明。

5. 实验数据及处理　据实验要求，实验时要一边测量，一边记录实验数据。先把实验测量数据记录在预习报告纸上，等到整理正式报告时再抄写到实验报告纸上，以免填错数据，造成修改。根据实验原始记录和实验数据处理要求，画出数据表格，整理实验数据。表中各项数据如是直接测得，要注意有效数字的表示；若是计算所得，报告中应列出所用公式，其他数据可直接填入表格。必要时需绘制曲线，曲线应该刻度、单位标注齐全，曲线比例合适、美观，并针对曲线做出相应的说明和分析。另外，实验原始数据要附在实验报告后，做到治学严谨和实事求是。

6. 实验结果及讨论　实验报告不是简单的实验数据记录纸，还要有实验情况分析，要把通过实验所测量的数据与计算值加以比较，若误差很小（一般 5% 以下）就可以认为是基本吻合的；若实验测量数据与事先的计算数值不符，甚至相差过大，应找出原因，并做出分析。若是性质实验，每一项实验内容都应该有相应的实验结论。一般实验可通过具体实验内容和具体实验数据分析做出结论，但不能笼统地概括为验证了某定理。

7. 思考题　写报告时对实验后面的相关思考题进行解答。

实验报告的具体格式因实验类型而异，但大体应遵循一定的格式，一般格式如表 1-1 所示。

表 1-1　实验报告格式

实验名称					
院系		专业		班级	
姓名		学号		日期	
实验目的					
实验原理					
实验仪器与试剂					
实验内容及步骤					
实验数据及处理					
实验结果及讨论					
思考题					

（四）化学实验常用文献资料

化学实验常用的文献资料非常广泛，涵盖了从基础化学知识到专业实验技术的各个方面。以下是一些常见的化学实验文献资料类型。

1. 教材　化学教材是学习和进行化学实验的基础，包含了化学的基本概念、原理和实验方法。它们通常按照化学的各个领域进行分类，如无机化学、有机化学、分析化学等。

2. 实验手册　实验手册提供了详细的实验步骤、操作技巧和注意事项，是进行实验的重要参考资料。它们可能针对特定的化学实验课程或研究领域，为实验者提供具体的指导。

3. 期刊论文　化学领域的学术期刊上发表了大量的研究论文，这些论文报告了最新的研究成果、实验方法和数据分析。通过查阅期刊论文，可以了解当前的研究动态和前沿技术。

4. 专著和综述　专著和综述通常对某一化学领域或专题进行深入的探讨和总结，提供了系统的知识和全面的视角。这些资料有助于深入理解化学实验的理论基础和实际应用。

5. 实验数据手册　这类手册提供了各种化学物质的性质、数据、安全信息以及实验中的常用参数。它们对于实验设计和数据分析非常有用。

6. 网络资源　随着信息技术的发展，网络资源在化学实验中的作用越来越重要。例如，化学数据库、在线期刊、虚拟实验室等都为实验者提供了便捷的信息获取途径。

需要注意的是，具体的文献资料选择应根据实验目的、研究领域和个人需求来确定。此外，查阅文献资料时，应注意其权威性、准确性和时效性，以确保实验的准确性和可靠性。

二、实验室常用仪器

（一）化学实验常用的普通玻璃（瓷质）仪器

化学实验中常用的玻璃（瓷质）仪器包括定量取用液体试剂的量器、作为反应物存放和反应器皿的容器、用于固液分离的滤器，以及用于搅拌、冷凝、萃取、加料和连接等的其他玻璃（瓷质）仪器。

1. 量器　量器是带有一定精确刻度的玻璃仪器，用于定量取用液体试剂。所有量器都不能取用热的液体，更不能用作容器被加热。精密量器上常标有符号 In 或 Ex。In 表示"量入"容器，即液体充满至标线后，量器内液体的体积与量器上所标明的体积相等。Ex 表示"量出"容器，即液体充满至刻度线后，将液体自量器中倾出，体积正好与量器上标明的体积相等。量器按其容积的准确度分为 A、B 二种等级，A 级的准确度比 B 级高。常用量器见表 1 - 2。

表 1 - 2　常见量器

名称	规格	应用范围	注意事项
量筒　量杯	量筒以所能量取得最大体积表示。有 5ml、10ml、25ml、50ml、100ml、500ml、1000ml、2000ml 等，可根据需要来选用	用于液体体积计量	（1）不能加热 （2）沿壁加入或倒出溶液 （3）量筒不能用来稀释硫酸或溶解氢氧化钠 （4）量筒易倾倒而损坏，用完后应放在平稳之处
吸量管　移液管	通常为玻璃质，分刻度管型和单刻度大肚管型两种，一般前者称为吸量管，后者称为移液管。移液管：5ml、10ml、25ml、50ml 等。吸量管：1ml、2ml、5ml、10ml 等规格	用于精确量取一定体积的液体	（1）管口无"吹出"字样者使用时末端溶液不允许吹出 （2）不能加热

名称	规格	应用范围	注意事项
容量瓶	以容积表示。通常有 25ml、50ml、100ml、500ml、1000ml 等规格	用于配制准确浓度的溶液	（1）不能加热，不能量取热的液体 （2）不能在其中溶解固体 （3）瓶的磨口瓶塞应配套使用，不能互换 （4）不能代替试剂瓶用来存放溶液
酸式　碱式	滴定管分为碱式和酸式两种（近年来，由聚四氟乙烯做成的旋塞代替玻璃旋塞，是一种通用的滴定管。）有有色、无色两种。以容积表示，通常有 25ml、50ml	滴定管用于滴定操作或精密量取一定体积的溶液 滴定管架用于夹持滴定管	（1）碱式滴定管盛碱性溶液，酸式滴定管盛酸性溶液，二者不能混用 （2）见光易分解的液体宜用棕色管 （3）碱式滴定管不能盛氧化剂

2. 容器　化学实验所用容器主要是化学反应能够在其中发生的器皿，这些容器的刻度均没有定量的概念，而且大部分都可以被加热。这些反应用容器（表 1-3），在盛装反应物时，一般不能超过容器容积的2/3。容器也包括存储和称量用的容器，如干燥器和称量瓶等。

表 1-3　常见容器

名称	规格	应用范围	注意事项
试管　离心试管	分硬质试管、软质试管、普通试管、离心试管。普通试管以（管口外径×长度）（mm）表示，离心试管以其容积（ml）表示	用作少量试液的反应容器，便于操作 观察离心试管还可用于定性分析中的沉淀分离	（1）加热后不能骤冷，以防试管破裂 （2）盛试液不超过试管的1/2 （3）加热时用试管夹夹持，管口不要对人，以免热的液体溅出伤人 （4）离心试管不可直接加热，防止破裂
烧杯	以容积表示。如 50ml、100ml、250ml、500ml、1000ml、2000ml 等规格	用作反应容器，用于配制溶液、蒸发浓缩溶液	（1）可以加热至高温，使用时应注意勿使温度变化过于剧烈 （2）加热时底部垫石棉网，使其受热均匀，一般不可烧干
锥形瓶	以容积表示，如 50ml、100ml、250ml、500ml	用作反应容器，加热时可避免液体大量蒸发 旋摇方便，适用于滴定操作 用于有机溶剂进行重结晶操作 也用作常压蒸馏的接收器，但不能用于减压蒸馏的接收器	（1）可以加热，使用时应注意勿使温度变化过于剧烈 （2）加热时底部垫石棉网，使其受热均匀 （3）磨口锥形瓶加热时要打开塞

续表

名称	规格	应用范围	注意事项
碘量瓶	以容积表示，如50ml、100ml、250ml	用于碘量法或其他生成挥发性物质的定量分析	（1）塞子及瓶口边缘的磨砂部分注意勿擦伤，以免产生漏隙 （2）滴定时打开塞子，用蒸馏水将瓶口及塞子上的碘液洗入瓶中
烧瓶	有平底和圆底之分，以容积表示。如 50ml、100ml、250ml、500ml	用作反应容器	（1）可以加热。使用时应注意勿使温度变化过于剧烈 （2）加热时底部垫石棉网或用各种加热套加热，使其受热均匀
细口瓶　广口瓶	分无色、棕色。以容积表示。如 125ml、250ml、500ml、1000ml 等	广口瓶盛放固体试剂，细口瓶盛放液体试剂。棕色瓶用于存放见光易分解的试剂	（1）不能加热 （2）取用试剂时，瓶盖应倒放在桌上 （3）盛碱性物质要用橡皮塞或塑料瓶 （4）不能在瓶内配制在操作过程中放出大量热量的溶液
蒸发皿	其规格以皿口大小表示。如Φ30mm、Φ40mm、Φ50mm、Φ60mm、Φ80mm、Φ95mm 等	用作反应容器，用于蒸发和浓缩溶液	（1）可以加热。使用时应注意勿使温度变化过于剧烈 （2）加热时可在底部垫石棉或用各种加热套加热，使其受热均匀
坩埚	其规格以容积大小表示。如5ml、10ml、15ml、25ml、50ml 等规格	用作反应容器	（1）可以加热。可明火上直接加热，也可以在高温炉中加热 （2）不宜骤冷
称量瓶	分矮形、高形，以外径×高表示。如高形 25mm×40mm，矮形 50mm×30mm	要求准确称取一定量的固体样品时，矮形用作测定水分或在烘箱中烘干基准物；高形用于称量基准物、样品	（1）不能直接用火加热 （2）盖与瓶配套，不能互换 （3）不可盖紧磨口烘烤

续表

名称	规格	应用范围	注意事项
 干燥器	以直径表示，如 10cm、15cm、18cm 等	（1）定量分析时，将灼烧过的坩埚置其中冷却 （2）存放样品，以免样品吸收水汽	（1）灼烧过的物体放入干燥器前温度不能过高 （2）使用前要检查干燥器内的干燥剂是否失效 （3）磨口处涂适量凡士林

3. 滤器 化学实验所使用的滤器（表 1-4）是用来实现固液分离操作的仪器。滤器包括过滤材质、支撑体和接收器。通常的过滤材质为各类滤纸，玻璃砂漏斗的过滤材质为微孔玻璃，其自身即为支撑体。其他类型的漏斗均为滤纸的支撑体。一般的过滤不需要特殊的滤液接收器，但在减压滤中，需要吸滤瓶作为滤液接收器。

表 1-4 常见滤器

名称	规格	应用范围	注意事项
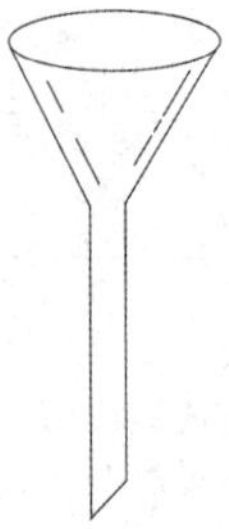 长颈漏斗 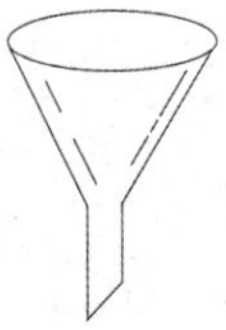 短颈漏斗	以口径和漏斗劲长短表示。如 6cm 长劲漏斗、4cm 短劲漏斗	和滤纸一起在普通过滤时使用	不能用火直接加热
 微孔玻璃漏斗	又称玻璃砂芯滤器，其孔径从 120μm 到 2μm 不等。也可以容量表示，5ml、10ml、25ml、50ml、100ml、500ml 等	（1）可滤除一定粒径范围内的微粒，适用于分离和过滤微量样品 （2）常用于固体物质的过滤、分离、纯化等实验操作 （3）可以用作气体分离器、电解质过滤器等	（1）不宜过滤较浓的碱性溶液、热浓磷酸和氢氟酸 （2）不宜过滤易堵塞砂芯滤孔的浆状沉淀和不宜溶解的沉淀
 布氏漏斗	瓷质	用于减压过滤	
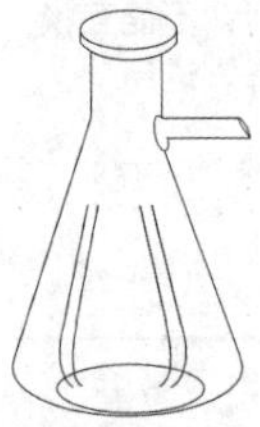 抽滤瓶	以容积表示，如 125ml、250ml、500ml	用于减压过滤	不能用火直接加热

4. 其他玻璃（瓷质）仪器 其他常见的玻璃（瓷质）仪器如表 1-5 所示。

表 1-5 其他玻璃（瓷质）仪器

名称	规格	应用范围	注意事项
分液漏斗　滴液漏斗	以容积和漏斗的形状（筒形、球形、梨形）表示。如 100ml 球形分液漏斗、60ml 筒形滴液漏斗	（1）用于液体的萃取、洗涤和分离 （2）用于液体物料的滴加	不能加热
研钵	以钵口径表示。如 9cm、12cm	研磨固体物质时用	（1）不能做反应容器 （2）只能研磨，不能敲击 （3）不能烘烤

（二）化学实验常用标准磨口玻璃仪器

有机实验所用仪器大多为磨口标准仪器。磨口仪器可以互相连接，具有密封性，有多种规格，最常用 19、24 号两种。用于回流、蒸馏和冷凝的玻璃仪器有圆底烧瓶、三口瓶、蒸馏头、冷凝管（直形、球形、空气）、接引管（尾接管）等。常用标准磨口玻璃仪器口径编号见表 1-6。

表 1-6 常用标准磨口玻璃仪器口径编号与大端直径

编号	14	19	24	29	34	40
大端直径/mm	14.5	18.8	24.0	29.2	34.5	40.0

表 1-6 中编号的数值是磨口大端直径（用 mm 表示）的整数值。每件玻璃仪器是内磨口还是外磨口取决于仪器的用途。带有相同编号的一对磨口可以互相严密连接。编号不同的一对磨口需要一个大小接头或小大接头过渡才能紧密连接。

使用标准磨口玻璃仪器时应注意以下问题。

（1）磨口处必须洁净。若粘有固体杂物，会使磨口对接不严密导致漏气；若有硬质杂物，会损坏磨口。

（2）用后应拆卸洗净。否则若长期放置，磨口的连接处常会粘牢，难以打开。

（3）一般用途的磨口无需涂润滑剂，以免沾污反应物或产物。若反应中有强碱，则应涂润滑剂，以免磨口连接处因碱腐蚀粘牢而无法打开。减压蒸馏时，磨口应涂真空脂，以免漏气。

（4）安装标准磨口玻璃仪器装置时，应注意安装正确、整齐、稳妥，使磨口连接处不受歪斜的应力。否则易将仪器折断，特别在加热时，仪器受热，应力更大。

磨口一旦发生黏结，可采取以下措施。①将磨口竖立，往上面缝隙间滴几滴甘油。如果甘油能慢慢地渗入磨口，最终能使连接处松开。②用热风吹，用热毛巾包裹，或在教师指导下小心地用灯焰烘烤磨口的外部几秒钟（仅使外部受热膨胀，内部还未热起来），再试验能否将磨口打开。③将黏结的磨口仪器放在水中逐渐煮沸，常常也能使磨口打开。

如果磨口表面已被碱性物质腐蚀，黏结的磨口就很难打开了。常用的磨口仪器见表 1-7。

表 1-7　磨口仪器

名称	规格	应用范围	注意事项
直形空气球形	以口径表示	（1）直形冷凝管适用于蒸馏物质的沸点在140℃以上 （2）空气冷凝管适用于蒸馏物质的沸点高于140℃ （3）球形冷凝管适用于加热回流的实验	
斜形三口圆底烧瓶	以容积表示，如25ml、50ml、100ml、200ml，有磨口、非磨口	用于反应	
蒸馏头	以口径表示，如10mm、12mm、14mm、16mm	与圆底烧瓶组装后用于蒸馏	
蒸馏烧瓶　克氏蒸馏烧瓶	以容积表示	用于液体蒸馏，也可用于制取少量气体 克氏蒸馏烧瓶常用于减压蒸馏	加热时应在石棉网上
真空接收瓶　弯形接收管	以口径表示	用于蒸馏	
干燥管	有直形、弯形和普通、磨口之分。磨口的还按塞子大小分为几种规格。如14mm磨口直形、19mm磨口弯形	内盛装干燥剂，当它与体系相连时，既能使体系与大气相同，又可阻止大气中的水汽进入体系	
刺形分馏柱	以口径表示	用于分馏、分离多组分混合物	

续表

名称	规格	应用范围	注意事项
分水器	以口径表示	用于放掉反应过程中产生的水，从而加快反应速度	
恒压滴液漏斗	以容积表示	用于合成反应实验的液体加料操作，也可用于简单的连续萃取操作	

（三）常用仪器设备及使用规范

1. 离心机　当被分离的溶液和沉淀的量很少时，用一般方法过滤会使沉淀粘在滤纸上难以取下，此时可用离心分离法代替过滤。这种方法分离速度快，而且有利于迅速判断沉淀是否完全。离心分离法就是利用离心机转子高速旋转产生的强大的离心力，加快待分离样品中液体颗粒的沉降速度，把样品中不同沉降系数和浮力密度的物质分离开，其中沉淀集中在试管底部，上层为清液。通常使用的电动离心机如图 1 - 1 所示。

离心机的操作程序如下。

（1）检查离心机是否放置平稳。

（2）按下电源开关。

（3）将离心管放入转子上的吊杯（试管）内。离心管必须对称放入，管内试液必须均匀一致，以确保仪器平衡运行。如果只有一支试管中的沉淀需要分离，则可以取一支空的试管盛以相应质量的水，以维持平衡。

（4）关上门盖，设置转速、时间。

（5）以上设置经核对无误后，按"开始键"启动仪器运行。

（6）运行时间倒计时到"0"时，离心机将自动停止，当转速为 0 时，运行结束可以开盖。当确认转子完全停止后，按"停止及开门键"打开门盖，小心取出离心管，完成整个分离过程。

（7）关闭电源开关，切断离心机电源。

离心所得固体也可以在离心机中完成洗涤。固体经离心完成固液分层后，用胶头滴管吸出上层液体，向离心管中加入去离子水，用玻璃棒搅拌使固体均匀分散在去离子水中，再次离心分离。反复操作直至洗涤完成。离心时间和转速应根据沉淀的性质来决定。结晶形的紧密沉淀，大约 1000r/min，1～2

图 1 - 1　离心机

分钟。无定形疏松沉淀，沉降时间稍长些，转速一般为 2000r/min。如经 3 ~ 4 分钟仍不能分离，则应通过加入电解质或者加热的方法促使沉淀沉降，然后离心分离。

离心机转动速度很快，使用时要注意安全。离心机在没有完全停下之前不能打开机盖，更不能用手强行停止离心机旋转。

2. 电子天平 电子分析天平是定量分析操作中最常用的仪器，常规的分析实验操作都要使用电子天平，分析天平的称量误差直接影响分析结果。

电子分析天平是新一代的天平，是根据电磁力平衡原理，应用了现代微电子技术和高精度传感技术设计制造。天平的秤盘与通电线圈相连接，置于磁场中，当被称物置于秤盘后，因重力向下，线圈上就会产生一个电磁力，与重力大小相等方向相反。传感器输出电信号，由此产生的电信号通过转换后，将被称物品的质量显示出来。电子分析天平可直接称量，全量程不需要砝码。放上需称量的物品后，在几秒钟内达到平衡，显示读数。它的支撑点采取弹簧片代替机械天平的玛瑙刀口，用差动变压器取代升降枢装置，用数字显示代替指针刻度。因此具有体积小、和灵敏度高。此外，电子分析天平还具有称量速度快、精度高、使用寿命长、性能稳定、操作简便的特点，还具有自动校正、自动去皮、超载显示、故障报警等功能。与计算机联用，还能进一步扩展其功能，如统计称量的最大值、最小值、平均值和标准偏差等；具有质量电信号输出功能，且可打印。电子天平具有机械天平无法比拟的优点，尽管其价格偏高，但也越来越广泛地应用于各个领域，并逐步取代机械天平。称量时，要根据不同的称量对象和不同的天平，结合实际情况选用合适的称量方法操作。一般称量使用普通托盘天平即可，对于质量精度要求高的样品和基准物质应使用电子天平来称量。电子分析天平的主要结构由称量室（左、右、上侧为可推拉玻璃门，防止风的影响）、秤盘、传感器、气泡水平仪、显示器和底脚等部分组成。

（1）称量前的检查 电子天平作为精密的称量仪器，需置于稳定的工作台上，室内要求清洁、干燥及较恒定的温度，同时应避免振动、气流、阳光直射。

①取下天平防尘罩，叠好，放于天平后。

②检查称量室内是否干净，如不干净可用专配的毛刷进行清理，轻扫天平。

③观察检查气泡水平仪，如果水平仪气泡在圆环中央，表示天平处于水平位置；若水平仪水气泡偏移，调节天平底脚，使气泡位于水平仪圆环中央。

④校准，天平安装后，第一次使用前，应对天平进行校准。因长时间未用、位置变化、环境变化及称量不准确时，在使用前一般都要进行校准。

（2）使用方法

1）开机、预热 关好天平侧门，接通电源，轻按电源键，天平完成自检后进入称量界面，显示为 0.0000g。

2）调零 称量前，首先在台秤上粗称被称量物的质量。然后按 TARE 键（也称归零键），使天平显示 "0.0000g"。

3）称量 打开称量室侧门，将称量物放置于秤盘中央，关闭侧门，待读数稳定后，即为所称物体的质量。根据不同的称量对象及称量要求，应须采用适宜的称量方法。常用的称量方法有直接称量法、固定质量称量法和递减称量法。

①直接称量法，用于要求试样本身不吸水并在空气中稳定的物质。称量物体的质量、洁净干燥的不易潮解或升华的固体试样，是将称量物直接放在天平盘上直接称量物体的质量。如称量某洁净、干燥的小烧杯的质量，首先关好天平侧门，按 TARE 键调零。打开天平侧门，将小烧杯放入秤盘中央，关闭天平门，待稳定后读数，即得小烧杯的质量。记录后打开天平侧门，取出小烧杯，关好天平侧门。

②固定质量称量法，又称增量法，用于称量某一固定质量的试剂或试样。这种称量操作的速度很

慢，适用于称量不易吸潮，在空气中能稳定存在的粉末或小颗粒（最小颗粒应小于 0.1mg）样品，以便精确调节其质量。首先，按照直接称量法称取盛放试样的空容器（干燥洁净的小烧杯、蒸发皿或称量纸）的质量，按 TARE 键调零。本操作可以在天平中进行，使用药匙将试样慢慢加入容器中。加入试样时，用左手手指轻击右手腕部，将药匙中样品慢慢震落于容器内，当达到所需质量时停止加样，关上天平侧门，显示平衡显示稳定后即可记录所称取试样的质量。记录后打开天平侧门，取出容器，关好天平侧门。固定质量称量法要求称量精度在 $w \pm 5\%$ 以内。如称取 0.5000g 食盐样品，则允许质量的范围是 0.475 ~ 0.525g。超出这个范围的样品均不合格。若加入量超出，则需重新称试样，已用试样必须弃去，不能放回到原试剂瓶中。操作中不能将试剂洒落到容器以外的地方。称好的试剂必须定量地转入接收器中，不能有遗漏。

③递减称量法，又称减量法。这种方法称出试样的质量不要求是固定的数值，只需在要求的称量范围内即可。适于称取易挥发、易吸水、易氧化和易与二氧化碳反应的物质。称取固体试样时，如图 1-2 所示，将适量试样装入干燥洁净的称量瓶中（多于所需总量，但不超过称量瓶容积的 2/3），用洁净的小纸条夹住称量瓶放在秤盘上，在天平上称得质量为 $m_1(g)$。取出称量瓶，在接收器的上方打开称量瓶瓶盖、倾斜瓶身，用瓶盖轻击瓶口上部，使试样缓缓落入接收器中。当倾出试样接近所需的质量（0.3g 或约 1/3）时，将瓶身缓缓竖直，用瓶盖敲击瓶口上部，使粘于瓶口的试样落入回瓶中，盖好瓶盖。再将称量瓶放入天平回秤盘上称量，称得质量记为 $m_2(g)$。两次称量之差即为转入容器中的试样的质量。继续用瓶盖轻击瓶口，同上操作，逐次称量，即可称出多份试样，见表 1-8。

表 1-8　递减称量法数据记录表

项目	次数		
	1	2	3
（称量瓶 + 试样的质量）m_1/g	21.2350	21.0128	20.7916
（称量瓶 + 剩余试样的质量）m_2/g	21.0128	20.7916	20.5701
试样的质量 m/g	0.2222	0.2212	0.2215

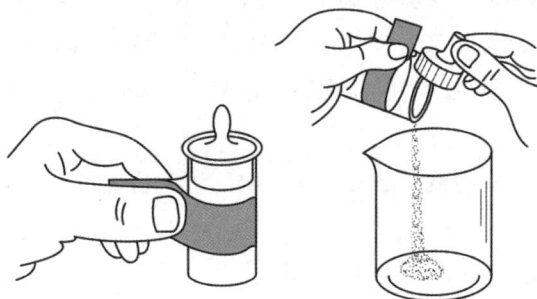

图 1-2　递减称量法

称量结束后，轻按电源键关闭天平显示，使天平处于待机状态。将天平还原，盖好防尘罩。在仪器使用记录本上记下称量操作的时间和天平状态，并签名。清洗称量瓶、钥匙等，整理好台面方可离开。

（3）使用天平的注意事项　分析天平是称量试样的精密仪器，必须严格按照规定的操作步骤进行称量练习，以免损坏仪器。在开关天平侧门，放取称量物时，动作必须轻缓，切不可用力过猛或过快，以免造成天平损坏。对于过热或过冷的称量物，应使其回到室温后才可称量。称量物的总质量不能超过天平的称量范围。在固定质量称量时须特别注意。所有称量物都必须置于一定的洁净干燥容器（如烧杯、表面皿、称量瓶等）中进行称量，以免腐蚀天平。

（4）调整电子天平水平　电子天平在称量过程中会因为摆放位置不平而产生测量误差，称量精度越高误差就越大（如精密分析天平、微量天平），为此大多数电子天平都提供了调整水平的功能。电子天平的底脚也是电子天平水平的调节部件。调节天平水平时，可以旋转左或右调平底脚，把水平仪气泡先调到水平仪圆环中央。也可以同时旋转电子天平的两个调平底脚，调节时要注意旋转幅度必须一致，都须顺时针或者逆时针，将水平仪气泡调整至水平仪圆环中央。一般有两个调平底座，一般位于后面，也有位于前面的。旋转这两个调平基座，就可以调整天平水平。用下面的方法比较简单。电子天平后面都有一个水准泡。水准泡必须位于液腔中央，否则称量不准确。调好之后，应尽量不要搬动，否则，水准泡可能发生偏移，又需重调。

3. 酸度计 酸度计（又称 pH 计）是一种通过测量电池电势差测定溶液 pH 的仪器。

实验室常用的酸度计有 pHS-2S 型、pHS-2C 型和 pHS-3G 型等各种型号，各仪器虽结构不同，但基本原理相同。通常，不同类型的酸度计都是由测量电极、参比电极（饱和甘汞电极）和精密电位计三部分组成。酸度计主要是通过一对电极在不同溶液中产生不同的电动势，再将该电动势传导入仪器，最后在显示屏上显示。

由于玻璃电极易碎，目前，酸度计多采用 pH 复合电极。复合电极是由玻璃电极和参比电极组合在一起的塑壳可充式电极。玻璃电极头部球泡内通过银-氯化银电极组成半电池，它仅对 H^+ 有敏感作用，当玻璃电极浸入被测溶液内，被测溶液中 H^+ 与电极球泡表面水化层中 H^+ 进行离子交换，形成一个电位，球泡内层也同时有电位存在。因此球泡内外形成电位差，此电位差就可知被测溶液的 pH，随着溶液中 H^+ 活度的变化此电位差也发生变化。

（1）酸度计的使用

①打开电源开头指示灯亮，预热 5~6 分钟。

②取下放蒸馏水的小烧杯，并用滤纸轻轻吸去玻璃电极上的多余水珠调节零点，在小烧杯内放入选择好的 pH 6.86 的标准缓冲溶液，调节控温钮，使旋钮指示的温度与标样液温度相同，将电极浸入轻轻摇动小烧杯使电极所接触的溶液均匀，显示值稳定后，按上下键至读数为 6.86，稳定 10 秒，按菜单键确认。

③取出电极清洗干净，按菜单键选择控温钮，设置 4.00 标样液的当前温度，选择斜率校正状态，显示值稳定后，按上下键至读数为 4.00，稳定约 10 秒钟，按菜单键确认并进入 pH 测量状态。

④校准后，切勿再旋动定位旋钮，否则需重新校整。取下标准液小烧杯，用蒸馏水冲洗电极。

（2）测量

①将电极上多余的水珠吸干或用被测溶液冲洗 2 次，然后将电极浸入被测溶液中，并轻轻转动或摇动小烧杯，使溶液均匀接触电极。

②被测溶液的温度应与标准缓冲溶液的温度相同。

③校准零位，按下读数开关，指针所指的数值即是待测液的 pH。

④关闭电源，冲洗电极，将电极浸泡在饱和氯化钾溶液中。

酸度计在使用时应防止与潮湿气体接触。潮气的浸入会降低仪器的绝缘性，使其灵敏度、精确度、稳定性都降低；玻璃电极小球的玻璃膜极薄，容易破损，切忌与硬物接触；玻璃电极的玻璃膜不要沾上油污，如不慎沾有油污可先用四氯化碳或乙醚冲洗，再用乙醇冲洗，最后用蒸馏水洗净；甘汞电极的氯化钾溶液中不允许有气泡存在，其中有极少结晶，以保持饱和状态，如结晶过多，毛细孔堵塞，最好重新灌入新的饱和氯化钾溶液；酸度计指针抖动严重，应更换玻璃电极。

4. 真空泵 真空是指在一定空间内压力低于大气压的气体状态。用真空度来表示真空技术中真空状态下气体的稀薄程度。气体越稀薄、压力越低，表示真空度越高（好）；反之，则称真空度低（差）。表示真空度的方法通常有两种：一种用绝对压力表示，即绝对真空度，是以绝对真空作为压力的零基准点，用单位面积所受压力值来表示；另一种用相对压力表示，即相对真空度，是指被测对象的绝对压力与测量地点大气压的差值，一般为负数。故真空度是用压力的单位来量度。按 SI 单位制与我国法定计量单位规定，压力的单位是帕斯卡（Pascal），简称帕，符号 Pa。但最先使用的真空度单位是毫米汞柱高度，即 mmHg，至今仍被一些领域使用。

真空区域划分为：真空度为 $10^3 \sim 10^5 Pa$ 称粗真空，真空度为 $10^{-1} \sim 10^3 Pa$ 称低真空，真空度为 $10^{-6} \sim 10^{-1} Pa$ 称高真空，真空度小于等于 $10^{-6} Pa$ 称超高真空。

能产生真空的设备通称为真空泵，常用的有水抽气泵、机械泵、扩散泵、吸附泵和钛泵。机械泵和扩散泵都要用特种油作为工作物质，因而要防止油与研究对象之间的相互污染。由于泵价格低廉，水抽气泵、机械泵和油扩散泵是实验室中最常用的真空泵。

（1）机械泵 常用的机械泵为旋片式泵，图 1-3 是旋片式油封机械泵结构示意图，其工作原理是转子偏心地装在定子缸内，转子槽（位于转子圆柱体直径部位）中紧嵌着两块旋片，用弹簧的弹力使旋片紧贴于缸壁；转子将定子上的进气口和排气口分隔开，并起气密作用。当转子在定子缸内旋转时，将进气口一侧的容积逐渐扩大而吸入气体，同时逐渐缩小排气口一侧的容积，将已吸入气体压缩，从排气口排出，这样周而复始就达到了抽气的目的。整个机件浸没在真空泵油中，以油作封闭液和润滑剂。

使用时不能直接用来抽出冷凝性气体如水蒸气，挥发性气体如乙醚或腐蚀性气体如氯化氢等。若要应用，则应在泵的进气口前端加接干燥瓶、吸收瓶或冷阱；用泵之前应检查发动机的额定电压和接线方法，运转方向和泵油量是否适量；开泵前，应使泵先与大气相通，停机时，先将泵与真空系统隔断，打开进气旋塞，然后停机。

（2）扩散泵 扩散泵按喷口个数可分为二级、三级和四级扩散泵；根据泵体材料又可分金属扩散泵和玻璃扩散泵。图 1-4 是油扩散泵的工作原理图。容器中储有高相对分子质量的硅油，被电炉加热沸腾后，其蒸气沿中心管上升，从顶部的喷口处高速喷出，在喷口处形成低压，产生抽吸作用，待抽气体分子经入口处被吸到高速喷出的硅油蒸气流里并被带下。由于高速喷出后的硅油蒸气随即被冷凝成液体回入底部循环使用，而被硅油蒸气夹带的气体在底部富集起来，随即被机械泵抽走。

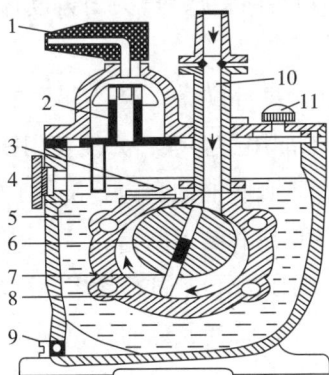

图 1-3 旋片式油封机械泵的工作原理和结构示意图
1. 排气口；2. 油分离器；3. 排气阀门；4. 油标；5. 真空泵油；
6. 转子；7. 旋片；8. 定子；9. 油塞；10. 进气口；11. 加油塞

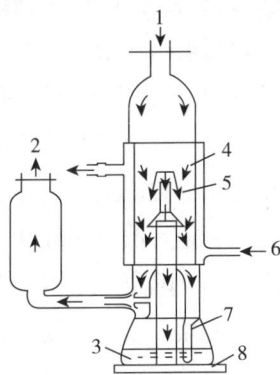

图 1-4 油扩散泵的工作原理和结构示意图
1. 接真空系统；2. 接机械泵；3. 硅油；4. 被抽气体；
5. 油蒸汽；6. 冷却水；7. 冷凝水；8. 电炉

油扩散泵不能独立工作，需用机械泵作为前级，以便将抽出的气体抽走。启动油扩散泵时，需先用机械泵将系统抽至低真空，再通冷却水后方可加热硅油。由于硅油不能耐高温，加热温度不宜过高，否则会裂解、氧化。实验室常用的油扩散泵抽气速率通常有 60L/s 和 300L/s 两种。另外，为了防止硅油污染系统，在扩散泵和真空系统之间应串联一个冷阱。

5. 紫外-可见分光光度计 紫外-可见分光光度法是基于分子中价电子跃迁所产生的吸收光谱而进

行分析的方法。吸收光谱是由于分子中的某些基团吸收了紫外–可见辐射光后，发生了电子能级跃迁而产生的吸收光谱。它是带状光谱，反映了分子中某些基团的信息，可以用标准光谱图再结合其他波谱分析手段（如红外光谱、核磁共振波谱等）进行定性分析。

朗伯–比尔定律是光吸收的基本定律，俗称光吸收定律，是分光光度法定量分析的依据和基础。当入射光波长一定时，溶液的吸光度 A 是与有关吸光物质的浓度 c 及吸收介质厚度 l（吸收光程）的函数成正比，即

$$A = Klc$$

式中，比例常数 K 称为吸光系数，与吸光物质的本性、入射光波长及温度等因素有关；c 为吸光物质浓度；l 为透光液层厚度。

各种型号的紫外–可见分光光度计，就其基本结构来说，都是由五个基本部分组成，即光源、单色器、吸收池、检测器及信号指示系统。

分光光度计大部分都可以通过主机面板（或光谱工作站）的操作选项中内置的各种程序模块完成对应的控制与检测功能。仪器操作的基本流程如下（具体操作步骤参考仪器使用说明书）：

（1）接通电源，打开光度计后部电源开关，指示灯亮进行开机自检。

（2）自检完成后，预热 30 分钟，通过主机面板（或启动光谱工作站）启动电脑，点击桌面上 Lab Tech 图标，启动软件系统。进入主菜单中选择与实验相关的程序模块，进行仪器参数设定。

（3）根据需要，在相应的样池中放入空白溶液、样品溶液，然后按照测定程序，将空白溶液置于光路，调节仪器零点，测定样品溶液的吸光度（或透光率）进行检测，根据工作曲线，进行相应的数据处理，得出报告。

（4）记录数据或者使用程序内置的数据处理方法处理数据，得到测试报告将实验报告保存在新建的文件夹中。

（5）检测完成后，取出比色皿吸收池，并清洗干净。

（6）关闭光度计主机电源。如果使用光谱工作站，应先关闭软件系统，再关闭光度计主机电源。实验结束，填写仪器使用记录。

仪器开机预热 30 分钟后才可使用，预热时不得打开样品室盖。每台仪器所配套的吸收池不能与其他仪器上的吸收池单个调换。吸收池的光学透光面，必须洁净，不准用手触摸，只能使用镜头纸擦拭。吸收池每次使用完毕后，应立即用蒸馏水洗净，用吸水纸擦干，存于吸收池的盒内。仪器工作 1 个月左右或搬动后，要重新进行波长精确性等方面的检查，以确保仪器的使用和测定的精确。

6. 熔点测定仪　纯固体有机化合物一般有一定的熔点。一定的压力下，固态与熔融态之间的变化是非常敏锐的，自初熔到全熔温度不超过 1℃。如果含有杂质，熔点比纯物质低而且范围比较宽。利用这一特点，通过熔点的测定，对于定性检验固体有机化合物的纯度及鉴别两个熔点相近的样品是否为同一化合物是有一定意义的。

（1）**显微熔点测定仪**　显微熔点测定仪主要由电加热系统、温度计和显微镜组成（图 1–5）。测定熔点时，试样放在两片洁净的载片玻璃之间，置于热浴中，调节显微镜高度，观察被测物质的晶形。先拧开加热旋钮，使温度快升，到温度低于熔点 10～15℃ 时，换用微调旋钮，减慢升温速率，使每分钟上升 1～2℃。观察温度计所示读数和试样的变化情况。记下试样初熔和完全熔化、固体完全消失（全熔）的温度计读数，即为该化合物的熔程。当要重复测定时，可将金属冷却圆板置于热浴中，热交换后的圆板，用冷水冷却。如此重复数次，使温度很快降下来。注意，测定熔点时，必须用校正过的温度计。

（2）**全自动熔点仪**　全自动熔点仪是按照现行版《中华人民共和国药典》（以下简称《中国药

典》）规定的熔点检测方法而设计的，运用光电检测技术，实现温度程控，初熔和终熔数字显示。应用了线性校正的铂电阻作检测元件，并用电子线路实现了快速起始温度设定及四档可供选择的线性的升温速率。工作参数可自动贮存，具有无需人工监视而自动测量的功能。采用《中国药典》规定的毛细管作为样品管，通过高倍率的放大镜观察毛细管内样品的熔化过程，是制药、化工等行业最便捷的熔点检测仪器，如图 1 - 6 所示。

　　熔点仪使用前要灌入硅油，更换油浴管。然后装样。装样时，将干燥的粉末状试样在表面皿上堆成小堆，将熔点管的开口端插入试样中装取少量粉末。然后将熔点管竖立起来，在桌面上墩几下或者轻敲管子，使试样掉入管底。这样重复取试样几次，直至装入 3～4mm 高的试样。之后，使熔点管从一根约 50cm 高的玻璃管中掉到表面皿上，重复几次，以使试样装填紧密。所测的是易分解或易脱水样品，应将熔点管另一端熔封。注意：试样要研细，装样要结实，如有空隙则传热不均，影响检测结果。如果同时测两个样品进行比较，样品的高度应该一致，以确保测量结果的一致性。

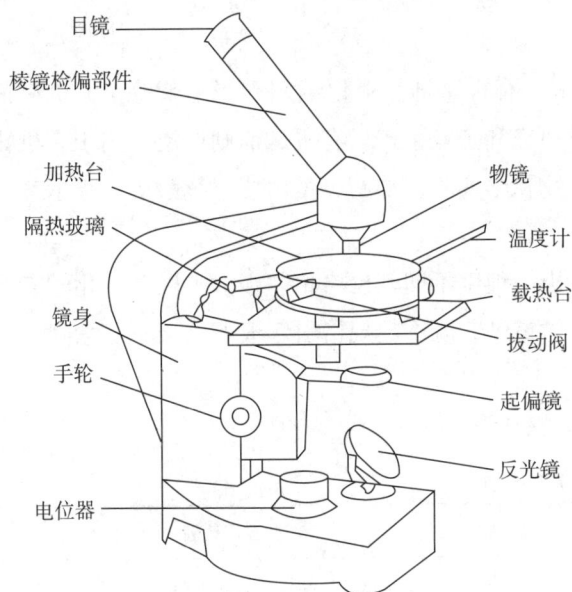

图 1 - 5　显微熔点测定仪

图 1 - 6　全自动熔点仪

（3）熔点测定

　　①打开仪器电源开关，预热 10 分钟，输入预置温度和升温速率。进行此操作时要确保加热炉中没有插入毛细管，否则会影响测试结果。

　　②待仪器当前温度稳定后，将装有样品的熔点管插入样品插座，保持 3～5 分钟后，按"升温"键开始测定，仪器面板自动显示熔化曲线。

　　③仪器显示样品初熔温度和终熔温度。

　　④待炉温下降到起始温度后，重复测定，读取算术平均值为测定结果。两次测定的初熔温度和终熔温度之平均值之差不大于 1℃。

　　⑤测量结束，将熔点仪起始温度设置为 30℃，待仪器温度达到设置温度后，关闭熔点仪电源开关。小心取出毛细管。

　　样品必须烘干并严格按照要求制备和装样，样品装样的好坏及一致性将直接影响测量读数的准确性。某些样品起始温度高低对熔点测定结果是有影响的，应确定一定的操作规范。建议提前 3～5 分钟插入毛细管，如线性升温速率选1℃/min，起始温度应比熔点低3~5℃，速率选3℃/min，起始温度比熔点低9~15℃，一般应以实验确定最佳测试条件被测样品最好一次填装5根毛细管，分别测定后废弃最大值和最小值，取用中间3个读数的平均值作为测定结果，以消除毛细管及样品制备填装带来的偶然误差。

三、化学试剂

目前，化学试剂（reagent）已被广泛应用于工业、农业、医疗卫生、生命科学、生物技术、环境保护、能源开发、国防军工等科研领域和国民经济发展的各个行业。早期的化学试剂只是指"化学分析中为测定物质的组分或组成而使用的纯粹化学药品"。后来又被扩展为"为实现化学反应而使用的化学药品"，而现在的"化学试剂"所指的化学药品早已超出了这一范畴。有人认为"在科学实验中使用的化学药品"都可称为"化学试剂"，因此凡与实验有关的化学药品都可称为化学试剂。因此，化学试剂的分类及管理和使用后废弃物的处置就显得极其重要。

（一）化学试剂的分类与管理

1. 化学试剂的分类　化学试剂大致可分为无机试剂、有机试剂、生化试剂和指示剂等。无机试剂包括各类金属盐、氧化物、酸碱等，主要用于无机化学研究和工业生产。有机试剂则广泛应用于有机化学、药物合成、材料科学等领域。生化试剂主要用于生物化学实验，如酶、蛋白质、核酸等。指示剂则用于滴定分析，以指示反应的终点。

另外，化学试剂作为精细化学品具有不同的纯度标准，纯度不同其价格相差很大。因此，化学工作者必须对化学试剂标准有明确的认识，做到合理使用化学试剂，既不超规格引起浪费，又不随意降低规格影响分析结果的准确度。

表1-9是化学试剂等级标志的对照表。

表1-9　化学试剂的分类

名称	级别	英文名称及代号	标志颜色	应用范围
优级纯（保证试剂）	一级	guaranteed reagent（GR）	绿色	用于精密分析和科学研究工作
分析纯	二级	analytical reagent（AR）	红色	用于定性、定量分析和一般研究工作
化学纯	三级	chemicak pure（CP）	蓝色	适用于一般分析和有机、无机化学实验

此外，还有一些特殊用途的所谓"高纯"试剂。例如："光谱纯"试剂，它是以光谱分析时出现的干扰谱线强度大小来衡量的；"色谱纯"试剂，是在最高灵敏度下以10^{-10}g下无杂质峰来衡量的；"放射化学纯"试剂，是以放射性测定时出现干扰的核辐射强度来衡量的"MOS"试剂，是"金属-氧化物-硅"或"金属-氧化物-半导体"试剂的简称，是电子工业专用的化学试剂等。

在一般分析工作中，通常要求使用AR（分析纯）试剂。

化学试剂的检验，除经典的化学方法之外，已愈来愈多地使用物理化学方法和物理方法，如原子吸收分光光度法、原子发射光谱法、电化学方法、紫外-可见分光光度法红外光谱法和核磁共振分析法以及色谱法等。高纯试剂的检验，无疑只能选用比较灵敏的痕量分析方法。

按安全管理之需，化学试剂传统上分为六类：爆炸品、易燃品、强氧化剂、强腐蚀剂、剧毒品及放射性试剂。此外，随着用途需要的变化，某些本来安全的试剂，会成为一定时期的管制品，如醋酐，本无危险，但成为毒品制造原料后，就成为安全管理中的管制品了。

易燃液体分三个等级：一级易燃液体，闪点在-4℃，如汽油、丙酮、环氧乙烷、环氧丙烷等；二级易燃液体，闪点在 –4 ~ 21℃ 的液体，如乙醇、甲醇、吡啶、甲苯、二甲苯、正丙醇、异丙醇、乙酸戊酯、丙酸乙酯等；三级易燃液体，闪点在 21 ~ 45℃ 的液体，如煤油、柴油、松节油等。上述是易燃液体试剂的传统分类，近年又推出《全球化学品统一分类和标签制度》（简称"GHS"）对分类作了新的规定修正。GHS 体系中易燃液体分类的判定要素为闪点和初始沸点两个指标，其中又以闪点为关键点。因为闪点是一个安全指标，用于鉴定油品及其他可燃液体发生火灾的危险性。

2. 化学试剂的存放、使用要求 实验室是各种化学试剂使用和存放的重要场所。除供日常使用外，还需要储存一定量的化学试剂，化学试剂作为实验室常用物质，绝大多数会有一定毒性，甚至有些试剂还属于易燃易爆危险化学品，因此必须由专人保管。储藏室最好设在朝北的房间及易于处理意外事故的地方。室内应设有温度计、湿度计、灭火装置，避免阳光照射室温过高及试剂见光变质。室内应干燥通风、严禁明火，危险物品应按国家公安部门的相关规定管理执行。储藏室尽量保持保管室内的通风低温、干燥状况。

化学实验室还应做好定期检查工作。检查的内容包括：包装是否完好，试剂有无变质，标签有无脱落，危险品有无混放及试剂存放室有无安全隐患等现象，做到发现问题及时处理。

为了方便使用和管理，根据化学试制的分类，将其进行分区存放管理，即有机物区域、无机物区域和危险物品专放区域，每个区域再根据试剂的种类进行分别存放。

由此可见，实验室化学试剂的存放及使用就要严格地按照一定的规范去管理。

（1）易燃易爆试剂应贮于铁柜（壁厚 1mm 以上）中，柜子的顶部都有通风口。严禁在化验室存放大于 20L 的瓶装易燃液体。易燃易爆药品不要放在冰箱内（防爆冰箱除外）。

（2）相互混合或接触后可以产生激烈反应、燃烧、爆炸、放出有毒气体的两种或两种以上的化合物称为不相容化合物，不能混放。

（3）腐蚀性试剂宜放在塑料或搪瓷的盘或桶中，以防因瓶子破裂造成事故。

（4）要注意化学药品的存放的期限。

（5）药品柜和试剂溶液均应避免阳光直晒及靠近暖气等热源。要求避光的试剂应装于棕色瓶中或用黑或黑布包好存于暗柜中。

（6）试剂瓶上标签掉落或将要模糊时应立即贴好标签。无标签或标签无法辨认的试剂都要当成危险物品重新鉴别后小心处理，不可随便乱扔，以免引起严重后果。

（7）化学试剂定位放置、用后复位、节约使用，用剩的化学试剂不准倒回原瓶。

（8）取用试剂（特别是危险物品）时必须严格进行登记。

（9）需要归还的试剂必须在限定时间内归还。危险品及贵重金属试剂的领取应限制数量，特别是危险品严禁私自带出储藏室。

（二）实验室"三废"的处理

实验室"三废"主要包括废气、废液和废弃物。这些废弃物如果处理不当，可能会对环境和人类健康造成危害。

1. 废气处理 在进行实验过程中应保持室内空气流通。对于实验室产生的废气，应先通过通风设备排出室外，以被空气稀释；对于有毒气体，如氮的氧化物、二氧化硫等气体，可以使用碱液吸收；对于可燃性有机废液，可以在燃烧炉中通氧气完全燃烧。另外，还可以使用活性炭吸附等方法来处理气态污染物。对于产生有害气体的实验操作须在通风橱中进行，同时，操作人员须增强安全意识和环保观念，采取必要的防范措施；对于放射性废气排放时应确保不污染周围环境，否则应做净化处理。此外，实验室产生的有些难以现场处理的有害气体还需要气囊收集后集中处理，以免造成环境污染。

2. 废液处理 实验室产生的废液包括多余的样品、标准曲线及样品分析残液、失效的贮藏液和洗液、大量洗涤水等。这些废液应根据其性质选择合适的处理方法。例如，对于含酚废液，低浓度废液可以加入次氯酸钠或漂白粉使酚氧化为二氧化碳和水，而高浓度废液则可以用乙酸丁酯萃取后重蒸馏回收酚。对于含氰化物的废液，可以用氢氧化钠溶液调至 pH 在 10 以上，再加入高锰酸钾使 CN^- 氧化分解。对于含铅、镉废液，可以用消石灰将 pH 调至 8 ~ 10，使 Pb^{2+}、Cd^{2+} 生成沉淀，然后加入硫酸亚铁作为共沉淀剂。废酸及废碱溶液须进行中和处理，待 pH 纸测试其酸碱度为中性后方可经下水道排放。菌液、有毒废液须经高温或特殊的化学方法处理后方可排入下水道。可燃性有机毒液须以专门装置完全燃烧处理；较纯的有机溶剂应回收利用。含银废液应予以回收；剩余稀溶液可用以配制浓溶液；废酸、废碱可用以处理废物等。

3. 废弃物处理　实验室产生的固体废物包括多余样品、分析产物、消耗或破损的实验用品（如玻璃器皿、纱布）等。这些废弃物应根据其性质进行分类处理。例如，对于一般废弃物，可以分类收集后交由有资质的废弃物处理公司进行处理。对于有害废弃物，如过期药品、废弃的化学试剂等，需要按照相关规定进行特殊处理，以防止其对环境和人类健康造成危害。学生在实验过程产生的有毒固体废物须经科学处理后放入指定垃圾桶，不得随意丢弃。可自然降解的有毒废物，须集中深埋处理；不可降解的有毒废物，须集中焚化处理。放射性固体废物须集中于专用废物桶，视具体性质采用放置或焚化等方法处理。此外，无毒废物按普通垃圾处理。

实验室"三废"的处理需要遵循科学、环保、安全的原则，选择合适的处理方法，确保废弃物得到妥善处理，以保护环境和人类健康。同时，实验室工作人员也需要提高环保意识，减少废弃物的产生和排放，实现绿色实验室建设。

（三）实验室用水

为了确保实验结果的准确性和可靠性，实验室在使用水时需要根据实验的具体要求选择合适的水质。同时，实验室还需要定期对水质进行检测，以确保其符合实验要求。下面介绍实验室纯水的制备及检测。

1. 纯水的制备

（1）蒸馏法　将天然水用蒸馏器蒸馏就可得到蒸馏水。蒸馏法只能除去水中非挥发性的杂质，而溶解在水中的气体并不能除去，如二氧化碳及某些易挥发物随水蒸气进入蒸馏水中。为消除蒸馏水中的有机物，可在硬质玻璃或石英蒸馏器中加入适量碱性高锰酸钾溶液进行二次蒸馏，收集中段的重蒸馏水。

（2）离子交换法　用离子交换法制取的纯水也叫"去离子水"或"脱离子水"。目前多采用阴、阳离子交换树脂的混合床装置来制备。此法的优点是制备的水量大、成本低、除去离子的能力强；缺点是设备及操作较复杂，不能除去非电解质杂质、胶体物质、非离子化的有机物和溶解的空气等，而且有微量树脂溶在水中。对于一般的化学实验，离子交换法制取的纯水是完全能够满足需要的，离子交换法是目前化学实验室中最常用的方法。

（3）电渗析法　电渗析法是在离子交换技术的基础上发展起来的一种方法，其原理是利用离子交换膜的选择性透过，在外加直流电场作用下，使一部分水中的离子透过离子交换膜迁移到另一部分水中，造成一部分水淡化，另一部分水浓缩，收集淡水即为所需要的纯化水。缺点是耗水量较大，只能除去水中的电解质，对弱电解质去除效率低，水质质量较差，因此，这种方法不适于单独制取纯水，可以与反渗透或离子交换法联用。

2. 实验用水检验方法

（1）一般检验方法　为方便起见，化学实验室用的纯水可采用电导率法和化学方法检验。离子交换法制得的纯水可以用电导率仪检测水的电导率，根据电导率确定何时需再生交换柱。注意在取样后要立即测定，以避免空气中二氧化碳溶于水中使水的电导率增大。

（2）标准方法简介　实验用水检验可用测定 pH、电导率等。

3. 超纯水的制备　一般的化学实验，采用纯水即可满足要求，而某些分析工作则需采用超纯水。如无机痕量分析或原子吸收分析中，要求具有很低的空白值；高效液相色谱分析中，要求控制有机物和颗粒。目前，国内外已有采用超纯水制造装置来制备超纯水，以满足实验的需求。

第二部分　化学实验基本操作技术

一、仪器的清洗与干燥

化学实验所用的玻璃仪器都需要是洁净的，实验前必须将玻璃仪器清洗干净。洗净的标志是：玻璃仪器的器壁上不应附着有不溶物或油污，器壁上形成一层薄而均匀的水膜。洗涤仪器的方法很多，应根据实验的要求，污物的性质和污染的程度来决定。

1. 玻璃仪器的清洗　对于实验室常用的烧杯、圆底烧瓶、锥形瓶、试管等玻璃仪器，可用毛刷蘸取去污粉刷洗仪器的内外壁，再用自来水冲洗干净即可。对于具有精密刻度的玻璃仪器，例如移液管、吸量管、滴定管等，不能用毛刷刷洗内壁，也不能用强碱性溶液洗涤，否则会影响仪器的精密性。可用洗涤液浸泡或将洗涤液倒入仪器中晃动几分钟弃去，再用自来水冲洗，最后用蒸馏水清洗干净。

借助超声波清洗仪来洗涤仪器，将仪器放入装有洗涤剂的超声波清洗仪中，利用超声波的振动，可达到快速清洗的目的。然后再用自来水及蒸馏水冲洗干净。注意，使用超声波清洗仪时，时间不宜过长，否则可能损坏玻璃仪器。

2. 玻璃仪器的干燥　有机化学实验往往都要使用干燥的玻璃仪器，故要养成在每次实验后马上把玻璃仪器洗净和倒置使之干燥的习惯。干燥玻璃仪器的方法有下列几种。

（1）自然风干　自然风干是指把已洗净的仪器放干燥架上自然风干，这是常用和简单的方法。

（2）烘干　把玻璃仪器放入恒温干燥箱中烘干。放入仪器之前，先将水沥干，无水珠流下。然后将仪器口向上放入烘箱内，烘箱内的温度保持 $100 \sim 105℃$，烘干 1 小时即可。带有磨口玻璃塞的仪器烘干时，应将玻璃塞取下。带有刻度的计量仪器不可以烘干，否则会影响其精度。当把已烘干的玻璃仪器拿出来时，最好先在烘箱内降至室温后才取出。切不可让刚烘干很热的玻璃仪器接触水，以免破裂。

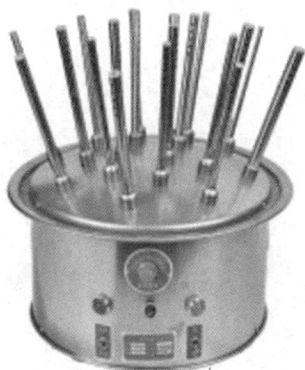

图 2 – 1　气流干燥器

（3）吹干　将洗净的玻璃仪器沥干水后，倒置在气流干燥器（图 2 – 1）上，用冷、热风交替吹干。

二、试剂的取用与溶液的配制

（一）试剂的取用

化学试剂是具有不同的纯度标准的精细化学品，其价格与纯度相关，纯度不同价格有时相差很大。因此，化学工作者必须对化学试剂标准有明确的认识，做到合理使用化学试剂，既不超规格引起浪费，又不随意降低规格影响分析结果的准确度。下面简要介绍试剂的取用方法。

试剂取用原则是既要质量准确又必须保证试剂的纯度（不受污染）。

在实验准备室中分装化学试剂时，固体试剂一般在广口瓶中，液体试剂或配成的溶液则盛放在试剂瓶（细口瓶）或带有滴管的滴瓶中。对于见光易分解的试剂（如硝酸银等）则应盛放在棕色瓶内。每个试剂瓶上都贴有标签，上面写明试剂的名称、规格和浓度，必要时要注明配制日期。标签外面涂一薄层蜡或用透明胶带保护它。

（1）固体试剂的取用 使用干净的药品匙取固体试剂，药品匙不能混用。实验后洗净、晾干，下次再用，避免玷污药品。如果要将固体加入到湿的或口径小的试管中时，可先用一窄纸条做成"小纸舟"，用药匙将固体药品放在纸舟上，然后平持试管，将载有药品的小舟插入试管，让固体慢慢滑入试管底部（图2-2）。

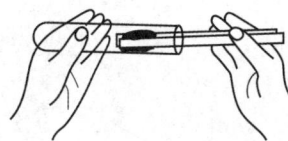

图2-2 固体试剂加入到试管

要严格按量取用药品。"少量"固体试剂对一般常量实验指半个黄豆粒大小的体积，对微型实验约为常量的 $1/10 \sim 1/5$ 体积。多取试剂不仅浪费，往往还影响实验效果。如果一旦取多可放在指定容器内或给他人使用，一般不许倒回原试剂瓶中。

需要称量的固体试剂，可放在称量纸上称量；对于具有腐蚀性、强氧化性、易潮解的固体试剂要用小烧杯、称量瓶、表面皿等装载后进行称量。根据称量精确度的要求，可分别选择台秤和天平称量固体试剂。用称量瓶称量时，可用减量法操作。

（2）液体试剂的取用 液体试剂装在细口瓶或滴瓶内，试剂瓶上的标签要写清名称、浓度。

①从滴瓶中取用试剂 从滴瓶中取试剂时，应先提起滴管离开液面，捏瘪胶帽后赶出空气，再插入溶液中吸取试剂。滴管口应距接收容器口（如试管口）5mm左右，以免与器壁接触沾染其他试剂，使滴瓶内试剂受到污染（图2-3）。如要从滴瓶取出较多溶液时，可直接倾倒。先排出滴管内的液体，然后把滴管夹在示指和中指间，再倒出所需量的试剂。滴管不能倒持，以防试剂腐蚀胶帽使试剂变质。不能用自己的滴管取公用试剂，如试剂瓶不带滴管又需取少量试剂，则可把试剂按需要量倒入小试管中，再用自己的滴管取用。

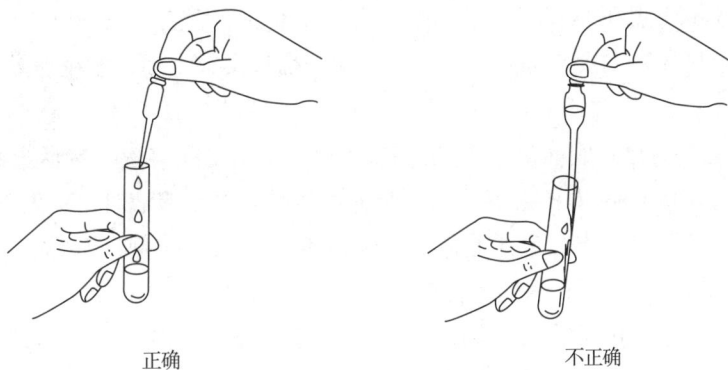

正确　　　　　　　不正确

图2-3 用滴管滴加少量溶液

②从细口瓶中取用试剂 从细口瓶中取用试剂时，要用倾注法取用。先将瓶塞反放在桌面上，倾倒时瓶上的标签要朝向手心，以免瓶口残留的少量液体顺瓶壁流下而腐蚀标签（图2-4）。瓶口靠紧容器，使倒出的试剂沿玻璃棒或器壁流下。倒出需要量后，慢慢竖起试剂瓶，使流出的试剂都流入容器中，一旦有试剂流到瓶外，要立即擦净。切记不允许试剂沾染标签。

③取试剂的量 在试管实验中经常要取"少量"溶液，这是一种估计体积，对常量实验是指 $0.5 \sim 1.0ml$，对微型实验一般指 $3 \sim 5$ 滴，根据实验的要求灵活掌握。要会估计1ml溶液在试管中占的体积和由滴管加的滴数相当的毫升数。

要准确量取溶液，则根据准确度和量的要求，可选用量筒、移液管或滴定管。

（二）溶液的配制方法

1. 标准溶液的配制方法 在化学实验中，标准溶液常用"mol/L"表示其浓度。溶液的配制方法主

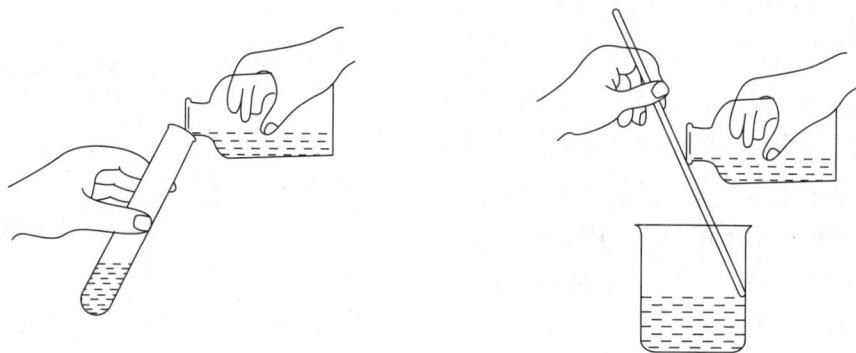

图 2-4 向试管、烧杯中加入液体

要分直接法和间接法两种。

（1）直接配制法　准确称取基准物质，溶解后定容即成为准确浓度的标准溶液。例如，需配制 500ml 浓度为 0.01000mol/L $K_2Cr_2O_7$ 溶液时，应在分析天平上准确称取 1.4709g 基准物质 $K_2Cr_2O_7$，加少量水使之溶解，定量转入 500ml 容量瓶中，加水稀释至刻度。

较稀的标准溶液可由较浓的标准溶液稀释而成。例如，光度分析中需用 1.79×10^{-3} mol/L 标准铁溶液。计算得知须准确称取 10mg 纯金属铁，但在一般分析天平上无法准确称量，因其量太小、称量误差大。因此常常采用先配制储备标准溶液，然后再稀释至所要求的标准溶液浓度的方法。可在分析天平上准确称取 1.0000g 高纯（99.99%）金属铁，然后在小烧杯中加入约 30ml 浓盐酸使之溶解，定量转入 1L 容量瓶中，用 1mol/L 盐酸稀释至刻度。此标准溶液含铁 1.79×10^{-2} mol/L。移取此标准溶液 10.00ml 于 100ml 容量瓶中，用 1mol/L 盐酸稀释至刻度，摇匀，此标准溶液含铁 1.79×10^{-3} mol/L。由储备液配制成操作溶液时，原则上只稀释 1 次，必要时可稀释 2 次。稀释次数太多，累积误差太大，影响分析结果的准确度。

（2）标定法　不能直接配制成准确浓度的标准溶液，可先粗配溶液，然后选择基准物质标定。一般先将其配制成浓度约为 0.1mol/L 的溶液。由原装的固体酸碱配制溶液时，一般只要求准确到 1～2 位有效数字，故可用量筒量取液体或在台秤上称取固体试剂，加入的溶剂（如水）用量筒或量杯量取即可。但是在标定溶液的整个过程中，一切操作要求严格、准确。

称量基准物质要求使用分析天平，称准确至小数点后四位数字。所要标定溶液的体积，如要参加浓度计算的均要用容量瓶、移液管、滴定管准确操作，不能马虎。

2. 一般溶液的配制及保存方法　近年来，国内外文献资料中采用 1∶1（即 1+1）、1∶2（即 1+2）等体积比表示浓度。例如，1∶1 H_2SO_4 溶液，即量取 1 份体积原装浓 H_2SO_4 与 1 份体积的水混合均匀。又如 1∶3 HCl，即量取 1 份体积原装浓盐酸与三份体积的水混匀。

配制溶液时，应根据对溶液浓度的准确度的要求，确定在哪一级天平上称量；记录时应记准至几位有效数字；配制好的溶液选择什么样的容器等。该准确时就应该很严格；允许误差大些的就可以不那么严格。这些"量"的概念要很明确，否则就会导致错误。如配制 0.1mol/L $Na_2S_2O_3$ 溶液需在台秤上称 25g 固体试剂，如在分析天平上称取试剂，反而是不必要的。配制及保存溶液时可遵循下列原则。

（1）经常并大量用的溶液，可先配制浓度约大 10 倍的储备液，使用时取储备液稀释 10 倍即可。

（2）易侵蚀或腐蚀玻璃的溶液，不能盛放在玻璃瓶内，如含氟的盐类（如 NaF、NH_4F、NH_4HF_2）、苛性碱等应保存在聚乙烯塑料瓶中。

（3）易挥发、易分解的试剂及溶液，如 I_2、$KMnO_4$、H_2O_2、$AgNO_3$、$H_2C_2O_4$、$Na_2S_2O_2$、$TiCl_3$、氨水、溴水、CCl_4、$CHCl_3$、丙酮、乙醚、乙醇等均应存放在棕色瓶中，密封好放在暗处阴凉地方，避免

光的照射。

（4）配制溶液时，要合理选择试剂的级别，不许超规格使用试剂，以免造成浪费。

（5）配好的溶液盛装在试剂瓶中，应贴好标签，注明溶液的浓度、名称以及配制日期。

三、试纸的使用

pH 试纸包括广泛 pH 试纸和精密 pH 试纸两类。广泛 pH 试纸的变色范围是 pH = 1~14，它只能粗略地估计溶液的 pH。精密 pH 试纸可以较精确地估计溶液的 pH 值，根据其变色范围可分为多种。

（一）用试纸检测溶液的酸碱性

溶液酸碱度常用 pH 试纸进行检测，将小块试纸放在表面皿边缘或滴板上，用玻璃棒将待测溶液搅拌均匀，蘸取少许滴在试纸上，观察试纸颜色变化，将试纸呈现的颜色与标准色板颜色对比，确定溶液的酸碱性。浓度过大，试纸颜色变化不明显，应稀释后再比较。

（二）用试纸检测气体

pH 试纸或石蕊试纸通常也用来检测气体的酸碱性。用蒸馏水润湿试纸并粘在玻璃棒上，将试纸放在试剂瓶口处，观察颜色变化。不同的气体用不同的试纸检验。如当氧化性气体遇到湿的试纸后，则将试纸上的 I^- 氧化成 I_2，I_2 立即与试纸上的淀粉作用变成蓝色：$2I^- + Cl_2 = 2Cl^- + I_2$，如气体氧化性强，而且浓度大时，还可以进一步将 I_2 氧化成无色的 IO_3^-，使蓝色褪去：$I_2 + 5Cl_2 + 6H_2O = 2HIO_3 + 10HCl$，可见，使用时必须仔细观察试纸颜色的变化，否则会得出错误的结论。

四、加热与冷却

（一）加热

实验室的一些操作和反应往往需要加热，常用的热源有煤气、乙醇和电能。若用热源对器皿直接加热，常会因受热不均，导致局部过热，不仅会使有机物部分分解变质或燃烧，而且存在安全隐患，所以实验室安全规则中规定，禁止用明火直接加热。

为了保证加热均匀，一般使用热浴间接加热。实验室常用的传热媒介有空气、水、有机液体、熔融的盐和金属等。根据加热温度、升温速度等的需要，常采用下列手段加热。

1. 空气浴　利用热空气间接加热的一种方式，适用于沸点在 80℃ 以上的液体加热。把容器放在石棉网上，这是最简单的空气浴。但是，受热仍不均匀，故不能用于回流低沸点易燃的液体或者减压蒸馏。半球形的电热套是属于比较好的空气浴。电热套中的电热丝被玻璃纤维包裹，它不是明火，加热和蒸馏有机物时，不易引起着火，较安全，而且可通过调压变压器控制加热温度和速度，最高加热温度可达 400℃，是有机实验中一种简便、安全的加热装置。电热套主要用于回流加热，蒸馏或减压蒸馏以不用为宜，因为在蒸馏过程中随着容器内物质逐渐减少，会使容器壁过热。

2. 水浴　以水为传热媒介的一种加热方式，当加热温度不超过 100℃ 时，最好使用水浴加热。但是，必须强调指出，当用到金属钾或钠的操作，均不能在水浴上进行。实验室里常用的水浴加热仪器为恒温水浴锅。使用时，勿使容器触及水浴器壁或其底部，且需随时关注水浴中水的蒸发，适时添加热水，使水浴中水面经常保持稍高于容器内的液面。

如果加热温度稍高于 100℃，则可选用适当无机盐类的饱和溶液作为热溶液，它们的沸点见表 2-1。

表 2-1 某些无机盐饱和水溶液的沸点

盐种类	饱和水溶液的沸点/℃
NaCl	109
$MgSO_4$	108
KNO_3	116
$CaCl_2$	180

3. 油浴 适用加热温度 100~250℃，优点是使反应物受热均匀，反应物的温度一般低于油浴液 20℃ 左右。实验室常用的油浴液如下。

（1）甘油 可以加热到 140~150℃，温度过高时则会分解。

（2）植物油 常用如菜油、蓖麻油和花生油等，可以加热到 220℃，常加入 1% 对苯二酚等抗氧化剂，便于久用。温度过高时则会分解，达到闪点时可能燃烧，使用时须谨慎。

（3）石蜡 能加热到 200℃ 左右，冷至室温时凝成固体，保存方便。

（4）液状石蜡 可以加热到 200℃ 左右，温度稍高并不分解，但较易燃烧。

（5）有机硅油 在 250℃ 仍较稳定，透明度好，安全，是目前实验室中较常用的油浴之一。

用油浴加热时，要特别小心，防止着火。当油受热冒烟时，应立即停止加热。油浴中应挂一支温度计，可以观察油浴的温度和有无过热现象，便于调节火焰控制温度。油量不能过多。否则受热后有溢出而引起火灾的危险。使用油浴时要极力防止产生可能引起油浴燃烧的因素。加热完毕取出反应容器时，用铁夹夹住反应容器使其离开液面悬置片刻，使容器壁上附着的油滴入原油浴皿中，后用纸和干布揩干之。

4. 沙浴 沙浴一般是用铁制器皿装干燥的细海沙（或河沙），把反应容器半埋沙中加热。适用于加热沸点在 80℃ 以上的液体，尤其是加热温度在 220℃ 以上者，但沙浴的缺点是传热慢，温度上升慢，且不易控制，因此，砂层要薄一些。沙浴中应插入温度计，温度计水银球要靠近反应器。

（二）冷却

在有机实验中，有时需在一定的低温条件下反应、分离提纯，要采用一定的冷却剂进行冷却操作。

（1）某些反应要在特定的低温条件下进行，才利于产物的生成，如重氮化反应一般在 0~5℃ 进行。

（2）沸点很低的有机物，冷却可减少挥发损失，如蒸馏回收乙醚。

（3）减少固体化合物在溶剂中的溶解度，使其易于析出结晶，如重结晶有机物。

（4）高度真空蒸馏装置（减压蒸馏用冷阱）。

根据不同的要求，可选用适当的冷却剂冷却。最简单的是水和碎冰的混合物，可冷却至 0~5℃。冰水混合物因可与容器器壁充分接触，它比单纯用冰块有较大的冷却效能。若在碎冰中酌加适量无机盐，则得冰-盐混合物，其冷却温度可在 0℃ 以下，例如，往碎冰中加入普通食盐（碎冰与食盐质量比 3:1），可冷至 -18~-5℃。冰盐浴不宜用大块的冰，要按上述比例将食盐均匀撒布在碎冰上，这样冷却效果才好。

其他盐类与碎冰按不同比例混合，亦可形成不同冷却温度的冷却剂。常用冰-盐混合物的质量比及可冷却温度如表 2-2 所示。

表 2 - 2　冰 - 盐浴的质量配比及冷却温度

盐种类	盐质量配比	冰质量配比	可冷却温度/℃
$CaCl_2 \cdot 6H_2O$	100	246	-9.0
	100	123	-21.5
	100	70	-55.0
	100	81	-40.3
NH_4NO_3	45	100	-16.8
$NaNO_3$	50	100	-17.8
$NaBr$	66	100	-28.0

亦可选择多种盐与水（冰）组成冷却剂，常用的组合如表 2 - 3。

表 2 - 3　两种盐与水（冰）组成的冷却剂

盐种类及其用量		冷却温度/℃
水/100g		
$NH_4Cl/31g$	$KNO_3/20g$	-7.2
$NH_4Cl/24g$	$KNO_3/53g$	-5.8
$NH_4NO_3/79g$	$NaNO_3/61g$	-14.0
冰/100g		
$NH_4Cl/26g$	$KNO_3/13.5g$	-17.9
$NH_4Cl/13g$	$NaNO_3/37.5g$	-30.1
$NH_4NO_3/42g$	$NaCl/42g$	-40.0

干冰（固体 CO_2）和液氮也是两种方便而廉价的冷却剂。干冰可冷至 -60℃ 以下，将干冰加入乙醇或丙酮等适当溶剂，可冷至 -78℃，但加入时会猛烈起泡。液氮与有机溶剂混合可组成低温恒温冷却浴液。表 2 - 4 列出了可与液氮方便制取冷却浴液的常用有机溶剂。

表 2 - 4　可作低温恒温浴液的有机溶剂

有机溶剂	冷却浴液温度/℃
乙酸乙酯	-83.6
丙二酸二乙酯	-51.5
异戊烷	-160.0
乙酸甲酯	-98.0
乙酸乙烯酯	-100.2
乙酸正丁酯	-77.0

五、搅拌与搅拌器

在固体和液体或互不相溶的液体之间进行反应时，为了使反应混合物充分接触，应该进行强烈的搅拌或振荡。此外，在反应过程中，当把一种反应物料滴加或分批少量地加入另一种物料中时，也应该使二者尽快地均匀接触，这也需要进行强烈的搅拌或振荡，否则，由于浓度局部增大或温度局部增高，可能发生更多的副反应。

1. 人工搅拌　在反应物量小，反应时间短，而且不需要加热或温度不太高的操作中，用手摇动容器就可达到充分混合的目的。也可用两端烧光滑的玻璃棒沿着器壁均匀地搅动，但必须避免玻璃棒碰撞器壁，若在搅拌的同时还需要控制反应温度，可用橡皮圈把玻璃棒和温度计套在一起。为了避免温度计水银球触及反应器的底部而损坏，玻璃棒的下端宜稍伸出一些。

在反应过程中，回流冷凝装置往往需做间歇的振荡。振荡时，把固定烧瓶和冷凝管的铁夹暂时松开，一只手靠在铁夹上并扶住冷凝管，另一只手拿住瓶颈做圆周运动，每次振荡后应把仪器重新夹好，也可以用振荡整个铁架台的方法，使容器内的反应物充分混合。

2. 机械搅拌　在那些需要进行较长时间搅拌的实验中，最好使用电动搅拌器。若在搅拌的同时还需要进行回流，则最好用三颈烧瓶，三颈烧瓶中间瓶口装配搅拌棒，一个侧口安装回流冷凝器，另一个侧口安装温度计或滴液漏斗。

搅拌装置的装配方法如下：首先选定三颈烧瓶和电动搅拌器的位置。如果是普通仪器，选择一个适合中间瓶口的软木塞，钻一孔，插入一段玻璃管（或封闭管），软木塞和玻璃管间一定要紧密。玻璃管的内径应比搅拌棒稍大一些，使搅拌棒可以在玻璃管内自由地转动。在玻璃管内插入搅拌棒，把搅拌棒和搅拌器用短橡皮管（或连接管）连接起来。然后把配有搅拌棒的软木塞塞入三颈烧瓶中间瓶口，塞紧软木塞。调整三颈烧瓶位置（最好不要调整搅拌器的位置，若必须调整搅拌器的位置，应先拆除三颈烧瓶，以免搅拌棒戳破瓶底），使搅拌棒的下端距瓶底约5mm，中间瓶颈用铁夹夹紧。从仪器装置的正面仔细检查，进行调整，使整套仪器正直。开动搅拌器，试验运转情况。当搅拌棒和玻璃管口不发出摩擦声时，才能认为仪器装配合格，否则需要再进行调整。装上冷凝管和滴液漏斗（或温度计），用铁夹夹紧上述仪器要安装在同一铁架台上。再次开动搅拌器，如果运转情况正常，才能装入物料进行实验。

如果使用的是磨口仪器，则需要选择一个合适的搅拌头（也称搅拌器套管），将搅拌棒插入搅拌头中，再将搅拌棒和搅拌头上端用短橡皮管连接起来，然后把套有搅拌棒的搅拌头塞入三颈烧瓶中间瓶口内，即可调试使用。

3. 磁力搅拌　磁力搅拌一般使用恒温磁力搅拌器，通用于液体恒温搅拌，它使用方便，噪声小，搅拌力也较强，调速平稳，温度采用电子自动恒温控制。磁力搅拌器型号很多，使用时应参阅说明书。

六、滴定分析基本操作

在分析化学的基本滴定操作中，常使用的玻璃量器主要有滴定管、容量瓶、移液管、吸量管和量筒等。其中，滴定管、容量瓶、移液管和吸量管是滴定分析常用的准确测量溶液体积的容量分析器皿。

在滴定分析中，玻璃量器可分为量入式和量出式量器两类，量入式可用于测量注入量器（内壁干燥）内的液体体积（用"In"表示，如容量瓶等），量出式则用于测量从量器中排出的液体的体积（用"Ex"表示，如量筒、量杯、滴定管、吸量管、移液管等）。量器按准确度和流出时间分成A、A_2、B三种等级。通常A级的准确度比B级高1倍，A_2级的准确度介于A、B之间，但流出时间与A级相同。

溶液体积测量准确与否将直接影响滴定结果的准确度。通常体积测量的相对误差比天平称量要大，因此，如何正确使用容量器皿显得尤为重要。

（一）滴定管

滴定管是用来进行滴定的器皿，用于测量在滴定中所用溶液的体积。滴定管是一种细长、内径均匀且具有均匀刻度的玻璃管，管的下端有玻璃尖嘴，通过玻璃（或聚四氟乙烯）旋塞、乳胶管连接，用以控制液体流出滴定管的速度（图2-5）。

用于常量分析的滴定管有25ml、50ml两种规格，如25ml滴定管是将25ml分成25等份，每一等份为1ml，1ml中再分10等份，最小刻度为0.1ml，读数时可估计到0.01ml；半微量分析和微量分析中所用的滴定管有10ml、5ml、2ml、1ml等规格。

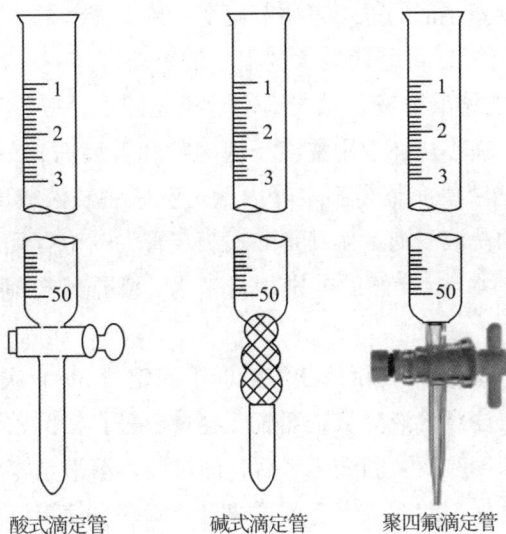

酸式滴定管   碱式滴定管   聚四氟滴定管

图 2-5 滴定管

1. 滴定管的分类 滴定管有酸式滴定管、碱式滴定管和聚四氟乙烯滴定管三种。酸式滴定管的下端有玻璃旋塞，可盛放酸液及氧化性溶液，不能盛放碱液。碱式滴定管下端连接一段乳胶管，内放一玻璃珠以控制溶液的流出，下面再连有一尖嘴玻璃管，只能盛放碱液，不能盛放酸或氧化剂等腐蚀橡胶的溶液。聚四氟乙烯滴定管构造同酸式滴定管，仅用耐酸、耐碱的聚四氟乙烯活塞代替玻璃活塞，为通用型滴定管。其使用方便，可用于盛放一般酸液、碱液及氧化性溶液。

对于见光容易分解的物质溶液可使用棕色滴定管。

2. 使用前准备 滴定管在使用前应进行洗涤和检漏。

(1) 酸式滴定管 洗涤前应检查旋塞与旋塞套是否配合紧密，如不紧密将出现漏液现象，则不宜使用。为了使玻璃旋塞转动灵活并防止漏液，需取下旋塞，洗净后用滤纸将旋塞和旋塞套内的水擦干，再用手指蘸取少许凡士林涂于旋塞孔两侧，并使其成为一均匀的薄层。然后把旋塞插入旋塞套中，向同一方向转动，直至从外面观察呈均匀透明为止（图 2-6）。

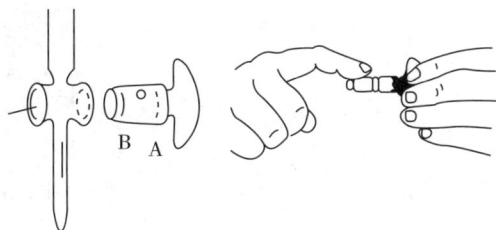

图 2-6 旋塞涂抹凡士林

凡士林不能涂得太多，以免凡士林将旋塞孔堵住。若凡士林涂得太少，旋塞转动不灵活，甚至会漏液。为防止在使用过程中活塞脱出，可用橡皮筋将旋塞扎住或将橡皮圈套在旋塞末端的凹槽上。最后用蒸馏水充满滴定管，擦干管壁外的水，置于滴定管架上，直立 2 分钟，观察尖嘴和旋塞两端是否有水渗出，然后将活塞转 180°，静置 2 分钟，再观察一次，若不漏水且旋塞转动灵活，即可使用。否则应重新涂凡士林，并检漏。

(2) 碱式滴定管 使用前应检查乳胶管是否老化，玻璃珠大小是否合适。若玻璃珠过大，则操作不便；过小，则会漏液。碱式滴定管检漏与酸式滴定管相同。

(3) 聚四氟乙烯滴定管 旋塞耐酸耐碱耐腐蚀，同时具有很好的自润滑性，一般无需抹凡士林进行润滑或者密封，可通过调整旋塞尾部的螺帽来调节旋塞与旋塞套间的紧密度。

2. 洗涤 检漏后，洗涤滴定管是滴定管准备过程中的重要环节。一般用铬酸洗液洗涤，先将酸式滴定管中水沥干，倒入 10ml 左右铬酸洗液（碱式滴定管应先卸下乳胶管和尖嘴，套上一个稍微老化不能使用的乳胶管，再倒入洗液，在小烧杯中用洗液浸泡尖嘴和玻璃珠），双手手心朝上慢慢倾斜，尽量放平管身，并旋转滴定管，使洗液浸润整个滴定管内壁，然后将洗液放回洗液瓶中。若滴定管玷污严重，可装满洗液浸泡或用温热的洗液浸泡，尤其是酸式滴定管尖嘴中有凡士林时，应用热水或者热洗液浸泡洗涤（必须等冷却后，再用水洗）。然后分别用自来水、蒸馏水分别洗涤 3~4 次，洗涤时应遵循"少量多次"原则。

3. 装液 在向滴定管装入溶液前，先用待装溶液润洗滴定管 3~4 次，每次为 5~10ml，以保证装入滴定管的溶液浓度不被稀释。注意溶液应从试剂瓶、容量瓶等直接倒入滴定管，不借助于烧杯、漏斗等任何中间容器，以免溶液的浓度改变。润洗完毕后，即可装入溶液至零刻度线以上，装满后，应检查滴定管尖嘴是否有气泡，如有气泡，酸式滴定管可迅速打开旋塞，使溶液急速下流将气泡带出；对于碱式滴定管，则可将乳胶管向上弯曲，用拇指和示指轻轻捏挤玻璃珠外侧的乳胶管，使溶液从尖嘴口喷出，气泡即可除尽（图 2-7）。注意捏挤乳胶管外侧时不要用力过大，以防止气泡重新进入滴定管中。同时捏挤乳胶管时应注意不要上下移动玻璃珠的位置，防止漏液。

4. 调零 排除气泡后，应使溶液的液面在滴定管"0"刻线以上，仔细调节液面至"0"刻线，并记录零点 0.00ml；也可调液面在"0"刻线以下作为零点（一般在 1.00ml 范围内），但要记录其实际体积，如 0.28ml 等。读数时，应将滴定管从滴定管架上取下，用右手大拇指和示指捏住滴定管上部无刻度处，使滴定管保持悬垂，并将尖嘴处悬挂的液滴除去，然后再读数。滴定管内无色和浅色溶液将有清晰的凹液面，读数时，眼睛视线与溶液凹液面下缘最低点应在同一水平上（图 2-8）。对于有色溶液（如 $KMnO_4$、I_2 溶液），其凹液面难以看清，视线应与液面两侧的最高点（溶液上沿）相切。

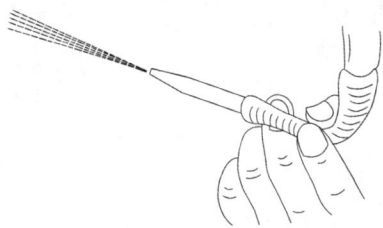

图 2-7 碱式滴定管排气泡方法

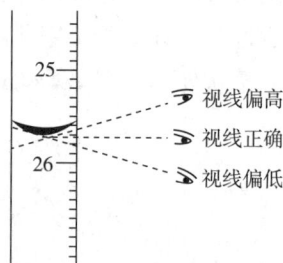

图 2-8 滴定管读数时视线的位置

5. 滴定 滴定时，将盛有被滴定溶液的锥形瓶放在滴定管下方，调整好滴定管和滴定台的高度，滴定台一般距离实验台边沿 10~15cm，以滴定时滴定管尖嘴伸入锥形瓶瓶口 1~2cm 为宜。进行滴定时，将装好标准溶液并调好"零点"的（记录起始读数）滴定管垂直地夹在滴定管架上，左手操作滴定管控制溶液流量，右手握住锥形瓶瓶颈，向同一方向做圆周运动，旋摇，使滴下的溶液能较快地分散而进行化学反应。注意不要使瓶内溶液溅出。

（1）酸式滴定管左手拇指在前，示指及中指在后握住旋塞，无名指和小拇指弯曲靠在尖嘴上，一起控制旋塞。在转动旋塞时，手指微微弯曲，轻轻向内扣住，以免掌心顶出旋塞，使溶液溅漏。

（2）碱式滴定管左手大拇指在前，示指在后，另三指固定尖嘴，中指和无名指夹住管尖，用手指指尖挤压玻璃珠上半部分右侧乳胶管，使乳胶管内壁和玻璃珠之间形成一条细小的缝隙，溶液即可流出（图 2-9）。

（3）聚四氟乙烯滴定管操作同酸式滴定管。

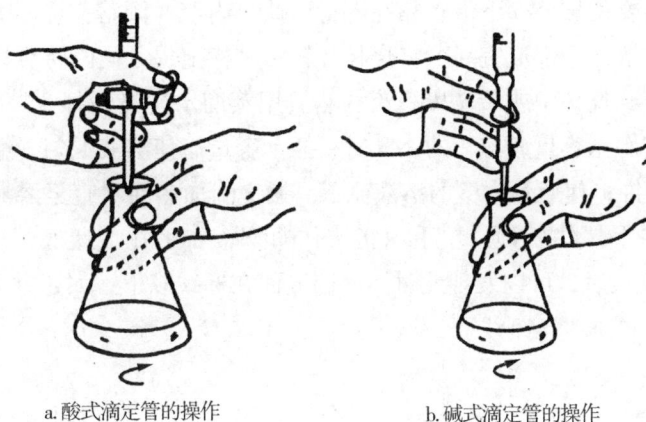

a.酸式滴定管的操作　　　　b.碱式滴定管的操作

图 2 - 9　滴定操作

滴定速度将直接影响滴定终点的观察和判断，一般情况下，滴定开始时，滴定速度可适当地快一点（视具体滴定不同有差异），但不能使滴定剂成液流线型流出。滴定时，仔细观察滴定剂滴入点周围的颜色变化，若颜色变化越来越慢则必须放慢滴定速度。在近终点时，必须用少量蒸馏水吹洗锥形瓶内壁，将溅起的溶液淋下，充分反应完全；同时，放慢滴定速度，以防滴定过量；每次加入 1 滴或半滴溶液，不断摇动，直至到达终点。

用酸式滴定管加半滴溶液时，微微转动旋塞，使溶液悬挂在出口管嘴上，形成半滴，用锥形瓶内壁将其沾落，再用洗瓶以少量蒸馏水吹洗瓶壁；对于碱式滴定管，应先松开拇指与示指，将悬挂的半滴溶液沾在锥形瓶内壁上，再放开无名指与小指，以免出口管尖出现气泡。

滴定结束后，滴定管内剩余的溶液应弃去，不得将其倒回原试剂瓶，以免污染整瓶溶液。随即洗净滴定管，并将蒸馏水充满全管，夹在滴定管架上，备用。

（二）容量瓶

容量瓶是一种带有磨口玻璃塞或塑料塞的细颈梨形平底玻璃瓶。颈上有标线，瓶上标有容积、温度、In 等字样，表示容量瓶是量入式容量分析仪器，在标明温度下，当溶液凹液面下沿与标线相切时，溶液体积与标示体积相等。常用的容量瓶有 5ml、10ml、25ml、50ml、100ml、250ml、1000ml 等规格（图 2 - 10）。

容量瓶一般用来配制准确浓度的标准溶液、试样溶液和定量稀释溶液，常和移液管、吸量管配合使用。容量瓶不能用火直接加热与烘烤。如需干燥，可将容量瓶洗净后，用乙醇等有机溶剂荡洗后晾干或用电吹风的冷风吹干。

配制见光容易分解的物质溶液可以使用棕色的容量瓶。

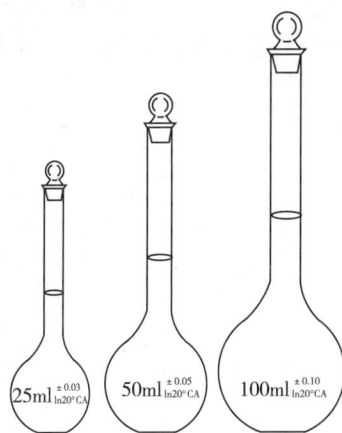

图 2 - 10　容量瓶

1. 检查　容量瓶在使用前先检查是否漏水。检漏方法：在瓶中加入蒸馏水至标线附近，盖好瓶塞，左手拿住瓶颈以上部分并用示指按住瓶塞，右手手指托住瓶底边缘，倒立 1~2 分钟，观察瓶塞周围是否有水渗出；若不漏，将瓶直立，转动瓶塞180°，再倒立试漏 1~2 分钟，若不漏水，即可使用。同时注意瓶塞和瓶颈之间要套上橡皮筋，防止瓶塞脱落并打坏瓶塞。

2. 洗涤　容量瓶与其他容量分析仪器相同，需先用铬酸洗液洗涤，然后依次用自来水、蒸馏水洗涤 2~3 次后使用。

3. 使用　若用固体物质配制溶液，先将准确称量的固体物质在烧杯中溶解，然后再将溶液定量转移到容量瓶中。转移时，要使玻璃棒下端轻靠在容量瓶瓶口内壁并倾斜；烧杯嘴紧贴玻棒，慢慢倾斜烧杯，使溶液沿玻棒流下，溶液全部流完后，将烧杯轻轻沿玻棒上提，同时将烧杯直立，使附着在玻棒与烧杯嘴之间的溶液流回流到烧杯中或沿玻棒下流。然后用蒸馏水洗涤烧杯 3 ~ 4 次，每次洗涤液一并转入容量瓶中。当加入蒸馏水至容量瓶容积的 2/3 时，摇动容量瓶使溶液混匀。继续加入蒸馏水至标线下 1 ~ 2cm 时，静置 1 ~ 2 分钟，使瓶颈内壁的溶液流下。慢慢滴加蒸馏水直至溶液的凹液面与标线相切为止。最后，盖上瓶塞，左手握住瓶颈，左手示指按住瓶塞，右手托住瓶底，反复倒转 10 次左右并摇动（图2－11）。容量瓶直立后，可以发现此时溶液凹液面在标线以下，属正常现象，是溶液渗入磨口与瓶塞缝隙中引起的，不必再加水至刻线。

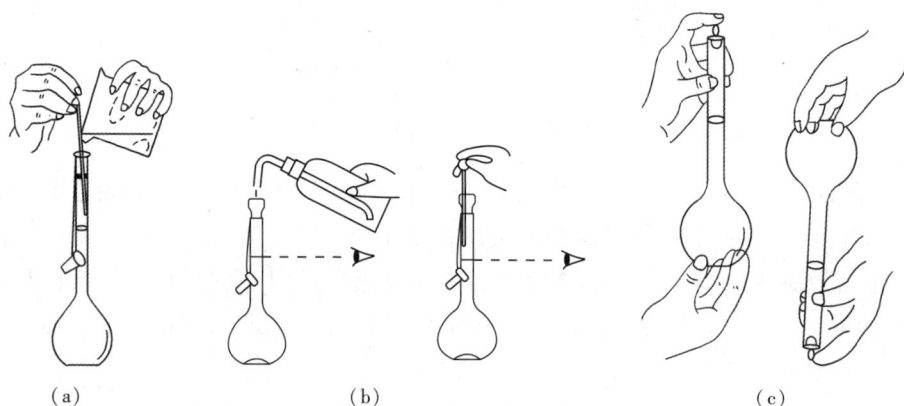

图 2－11　容量瓶的使用

（a）转移溶液；（b）定容；（c）摇匀

若是稀释溶液，则用移液管吸取一定体积的溶液于容量瓶中，直接加蒸馏水稀释至刻度，具体操作同上。

热溶液应冷却至室温后再定容，否则将造成误差；需避光保存的溶液应使用棕色容量瓶。容量瓶不能长久储存溶液，尤其是碱性溶液，不然会导致磨口瓶塞无法打开。若试剂需要长期保存，应转入试剂瓶中。当容量瓶长期不用时，应将其洗净，并在磨口与瓶塞间垫一张滤纸片，以防瓶塞黏合，难以打开。

（三）移液管、吸量管

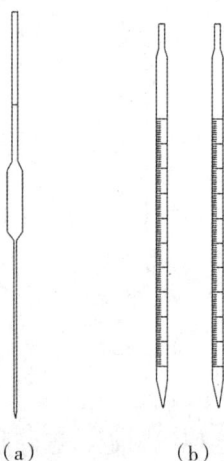

图 2－12　移液管和吸量管

（a）移液管；（b）吸量管

移液管和吸量管是用于准确移取一定体积液体的量出式容量分析仪器。移液管中间部分膨大，管颈上部有一环形刻线，膨大部分标有容积、温度、Ex、"快"或"吹"等字样，俗称大肚吸管，移液管只能移取一个准确体积的溶液。常用的移液管有 5ml、10ml、25ml、50ml 等规格。吸量管是具有分刻度的玻璃管，可准确移取小于最大体积的不同体积溶液。常用有 1ml、2ml、5ml、10ml 等规格（图 2－12）。

移液管和吸量管分"快流式"和"吹式"两种。前者管上标有"快"字样，在标明温度下，调节溶液凹液面与刻线相切，再让溶液自然流出，并让移液管尖嘴在接受溶液的容器内壁靠 15 秒左右，则流出溶液体积为管上所标示的容积。此时移液管和吸量管的尖嘴还留有少量溶液，不必将此残留溶液吹出。而后者正好相反，管上标有"吹"字样，使用时需要将最后残留在尖嘴的少量溶液全部吹出。

1. 洗涤　移液管和吸量管使用前首先检查管口和尖嘴有无破损。洗涤时，可以吸取少量洗液润洗，也可以将移液管和吸量管浸泡在用 500ml 或 1000ml 量筒装的铬酸洗液中。待铬酸洗液沥干后，分别用自来水、蒸馏水顺序洗涤。使用前，用滤纸将移液管或吸量管外壁水分擦干，并将尖嘴残留的水吸尽，然后用待吸取的溶液润洗 2~3 次，以除去管内残留的水分。

润洗方法是：将少许溶液置于一干净干燥的小烧杯中，用洗耳球吸取溶液进入移液管或吸量管大概 1/3 体积处，然后将管慢慢横下转动，使溶液浸润整个管内壁（注意：管口处可放置一个烧杯），当溶液流至上管口附近时，再慢慢将管直立起来，使溶液从尖嘴排出。

2. 移取溶液　吸取溶液时，左手拿洗耳球排去球内空气，将洗耳球对准移液管上口，右手的拇指和中指捏住移液管的上端（图 2 – 13），将管的下口插入待吸取溶液液面下 1~2cm 处，插入太浅易出现吸空，插入太深会使管外壁黏附太多的溶液，影响移取溶液的准确度。然后慢慢松开洗耳球，使移液管中液面上升，为防止吸空，移液管应随液面而下降。待液面上升至标线以上时，迅速移去洗耳球，立即用右手示指按紧移液管的上口。

3. 调整液面　保持移液管垂直，将移液管提离液面，尖嘴紧贴在原容器内壁，稍稍放松示指，使液面缓慢下降至凹液面的最低点与刻度线相切时，立即用示指压紧管口，用滤纸片擦干移液管下端外壁所黏附溶液，此时管尖不得有气泡，也不得有液滴悬挂。

4. 放出液体　将移液管垂直置于接受溶液的容器（如锥形瓶）中，尖嘴紧贴容器壁，接受容器稍倾斜。松开示指，使溶液自然流出，待溶液全部流出再等 10~15 秒后，将移液管自转 3 圈后取出移液管（图 2 – 14）。

吸量管的使用与移液管基本相同，应注意在平行实验中，应尽量使用同一支吸量管的同一段，并尽量避免使用末端收缩部分。

移液管和吸量管均属精密容量仪器，不得放在烘箱中加热烘烤。使用后，应立即洗净放在移液管架上。

图 2 – 13　吸液操作　　　　　　　　图 2 – 14　放液操作

（四）移液器

移液器也叫移液枪，是生物、化学实验室常用的移取小容量液体的一种计量工具。其基本结构主要有液体吸放按钮、体积调节旋钮、吸液嘴脱卸按钮、体积显示窗、吸液嘴脱卸套筒和吸液嘴（俗称枪头）等几个部分（图 2 – 15）。根据移液器的工作原理，可以分为气体活塞式和外置活塞式移液器。气体活塞式移液器通过弹簧的伸缩运动，推动活塞，排除部分空气，利用大气压吸入液体，再由活塞推动空气排出液体。液体和活塞之间有空气柱。适用于常规水性溶液。外置活塞式移液器通过分液管或吸头内活塞的连续运动移取和排出液体。活塞和液体直接接触，没有空气柱。除适用于常规水性溶液外，还特别适用于高黏度、易挥发、易起泡等液体。

移液器的规格（最大量程）一般有 2.5μl、10μl、20μl、50μl、100μl、200μl 和 1000μl 等。移液器的最佳使用量程范围一般是其最大量程的 1/3 到其最大量程。

1. 设定体积 设定移液体积的原则是由大到小，在调节容量时，要从大体积调为小体积，如 $200\mu l$ 调为 $100\mu l$，则将容量调节旋钮逆时针旋转调节至所需的容量即可；如果要从小体积调为大体积时，则可先顺时针旋转调节旋钮至超过目的容量值的 1/4 圈，再调至设定值，这样可以排除机械间隙，使设定量值准确，保证量取的精确度、延长移液器的使用寿命。

2. 装配吸液嘴（枪头） 为保证良好的密封性，要选择适配于移液器量程的吸液嘴（枪头）。将右手拇指放在控制按钮上，其余四指握住移液器手柄，将移液器垂直插入吸液嘴，轻轻用力下压的同时，把手中的移液器左右旋转半圈或顺时针旋转 $180°$，切勿上下敲击或左右摇晃（图 2 – 16）。

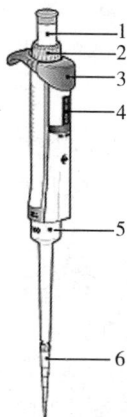

图 2 – 15　移液器的基本构造

1. 液体吸放按钮；2. 体积调节旋钮；3. 吸液嘴脱卸按钮；

4. 体积显示窗；5. 吸液嘴脱卸套筒；6. 吸液嘴

图 2 – 16　装配吸液嘴

3. 润洗 在移液之前，为使测量准确可以先吸放几次液体以润洗吸液嘴，尤其是吸取黏稠或密度与水不同的液体时。对于常温样品，润洗有助于提高准确性；但是对于高温或低温样品，吸液嘴润洗反而降低操作准确性。

4. 移液 移液之前，要保证移液器、吸液嘴和液体处于相同温度。吸取液体时，移液器应保持竖直状态，慢吸慢放，将移液器吸液嘴垂直浸入液面下 $1\sim6mm$（具体视移液器容量大小及产品说明书而定），一般 $0.1\sim10\mu l$ 容量的移液器进入液面下 $1\sim2mm$；$2\sim200\mu l$ 容量的移液器进入液面下 $2\sim3mm$；$1\sim5ml$ 容量的移液器进入液面下 $3\sim6mm$。

移液有正向移液和反向移液两种方法。

（1）正向移液法　适用于密度较低的溶液。正向移液时按动液体吸放按钮至第一停点，轻缓松开按钮到起始点完成吸液，然后轻按按钮至第一停点，排出液体；稍停片刻，继续按按钮至第二停点，松开按钮回到原点。移液后吸液嘴尖端没有液体。如果需要，更换吸液嘴后继续移液（图 2 – 17）。

图 2 – 17　正向移液法

（2）反向移液法适用于黏稠液体、挥发或易产生气泡的溶液。首先按动移液器按钮至第二停点，轻缓松开按钮到起始点完成吸液。吸取多于设定容量的液体，轻按按钮至第一停点，排出液体，残留在吸液嘴内的多余液体随吸液嘴丢弃（图2-18）。

第一停点

第二停点

图2-18　反向移液法

放液时吸液嘴尖端靠在容器内壁（特别是对于20μl以下的体积），移液器角度20°~45°。体积低于10μl直接放液到容器底部。

移液器使用完毕后，按压吸液嘴脱卸按钮，退出吸液嘴后将容量调到最大值，然后将移液器悬挂在专用的移液器架上；使用过的吸液嘴应置于专用废液缸中。

采用移液器配液方便快捷，操作简单，可以吸取各种体积的溶液，但由于吸液嘴一般为聚丙烯材质，不能移取腐蚀液体，且其容量准确度不能满足标准溶液的配制；特别是使用频繁的移液器误差较大，需要定期校准才能符合技术要求。而玻璃材料的稳定性高，对容量的影响很小，例如：配制1ml的标准溶液，移液器的容量允许误差为±0.01ml；而A级单标线吸量管的容量允许误差为±0.007ml。所以采用玻璃材质的A级单标线吸量管进行标准溶液的配制更为合适。需要注意的是，吸量管是手工吸取液体，要求使用人员的操作手法要非常熟练。

七、物质的分离与提纯

物质的分离与提纯是化学和相关领域中的重要技术，其目的是从混合物中分离出特定的组分，或者提高某一组分的纯度。通过分离与提纯，可以获得纯度较高的物质，以满足后续实验、生产或应用的需要。

分离与提纯的基本原则是利用混合物中各组分之间的物理或化学性质的差异，如沸点、溶解度、吸附性、电荷等，选择适当的方法实现组分的分离。下面我们介绍几种常见的分离提纯技术。

（一）沉淀的分离

沉淀分离方法是一种常用的分离技术，主要用于从溶液中分离出目标物质。根据沉淀剂的性质和沉淀过程，沉淀分离方法可分为以下几种。

1. 倾析法　如果沉淀的相对密度较大或晶体颗粒较大，静置后能较快沉降的，常用倾析法分离和洗涤沉淀。操作时将沉淀上部的清液缓慢沿玻璃棒倾入另一容器中，如图2-19所示。然后在盛沉淀的容器中加入少量洗涤液（如蒸馏水），充分搅拌后静置，待沉淀沉降后倾去洗涤液，重复2~3次即可将沉淀洗净。

2. 过滤法　过滤法是一种常用的物质分离和提纯方法，主要用于将不溶于液体的固体物质与液体分离。当溶液和固体的混合物通过过滤器（如滤纸或玻璃砂芯）时，沉淀留在过滤器上，溶液通过

图2-19　倾析法过滤

过滤器流入另一容器中。过滤后的溶液称滤液。

（1）滤纸的选择　实验时应根据具体要求选用合适类型和规格的滤纸，如 $BaSO_4$、$CaC_2O_4 \cdot 2H_2O$ 等细晶形沉淀，应选用"慢速"滤纸过滤；$Fe_2O_3 \cdot nH_2O$ 为胶状沉淀，应选用"快速"滤纸过滤；$MgNH_4PO_4$ 等粗晶形沉淀，应选用"中速"滤纸过滤。

（2）过滤方法选择　过滤方法又分常压过滤（普通过滤）、减压过滤和热过滤三种。

1）普通过滤　在大气压下使用普通玻璃漏斗过滤的方法。沉淀物为胶体或微细晶体时，用此法过滤较好。

普通过滤时首先要选择必要的仪器和用品，如铁架台（带铁圈）、普通漏斗、玻璃棒、烧杯、滤纸等。然后将滤纸对折两次，展开成圆锥状（图2-20），放入漏斗中，用水润湿滤纸，使其紧贴漏斗内壁，不留气泡。再将漏斗放在铁架台上，漏斗下端的管口紧靠烧杯内壁。用玻璃棒引流，将待过滤的液体沿玻璃棒注入漏斗中，使液面低于滤纸边缘（图2-21）。待液体过滤完毕后，将漏斗中的固体用少量水洗涤，以去除附着的杂质。将烧杯中的滤液转移至另一个容器中，以备后续使用。

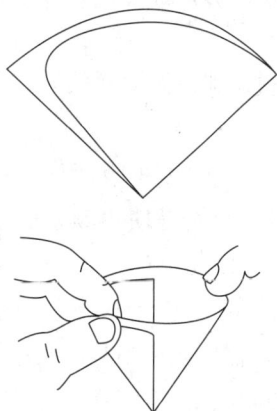

图2-20　普通滤纸的折叠图　　　　图2-21　常压过滤装置图

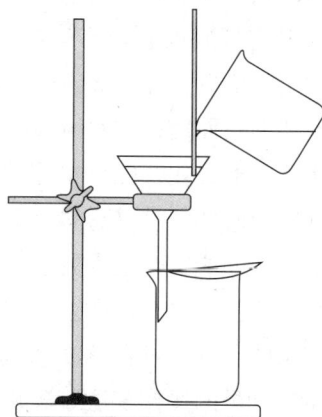

普通过滤的注意事项包括"一贴、二低和三靠"。"一贴"是指滤纸润湿后要紧贴漏斗内壁，不留气泡，以确保液体能顺利流下。"二低"是指滤纸边缘略低于漏斗边缘，以防倒入的液体量超过漏斗容量；漏斗里所加液体的液面低于滤纸边缘，以防止液体从滤纸与漏斗间流下。"三靠"是指烧杯嘴紧靠玻璃棒，以便用玻璃棒引流，防止液体外洒；玻璃棒末端紧靠三层滤纸部位，以防玻璃棒末端捣烂滤纸；漏斗颈管口的尖端部位紧靠烧杯内壁，使液体顺利流下，防止液体飞溅。

2）减压过滤　减压过滤是一种通过降低抽滤瓶内的压强进行过滤的方法。通常使用循环水真空泵使抽滤瓶内压强减小，由抽滤瓶内与布氏漏斗液面上形成压力差，因而加快了过滤速度。此法可加速过滤，并使沉淀抽吸得较干燥，但不宜过滤胶状沉淀和颗粒太小的沉淀，因为胶状沉淀易穿透滤纸，沉淀颗粒太小易在滤纸上形成一层密实的沉淀，溶液不易透过。

减压过滤常用仪器包括抽滤瓶、布氏漏斗、洗瓶、玻璃棒、循环水真空泵、安全瓶等。在安装仪器时布氏漏斗管下端的斜面朝向吸滤瓶支管。并检查布氏漏斗与抽滤瓶之间连接是否紧密，抽气泵连接口是否漏气（图2-22）。修剪滤纸，使滤纸略小于布氏漏斗，但要把所有的孔都覆盖住，并滴加蒸馏水润湿滤纸，微微开启抽气阀门使滤纸与漏斗连接紧密。然后打开抽气泵开关，倒入固液混合物，开始抽滤。尽量使要过滤的物质处在布氏漏斗中央，防止其未经过滤，直接通过漏斗和滤纸之间的缝隙流下。过滤完之后，先抽掉抽滤瓶接管，后关抽气泵。紧接着从漏斗中取出固体，应将漏斗从抽滤瓶上取下，左手握漏斗管，倒转，用右手"拍击"左手，使固体连同滤纸一起落入洁净的纸片或表面皿上。揭去滤纸，再对固体做干燥处理。

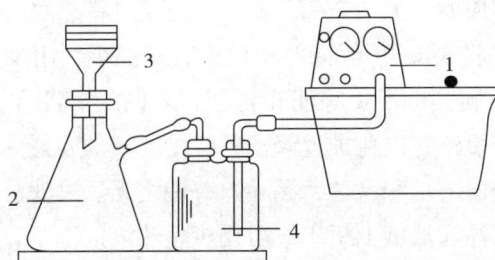

图2-22　减压过滤装置图

1. 循环水真空泵；2. 抽滤瓶；3. 布氏漏斗；4. 安全瓶

　　此外，当过滤的溶液具有强酸性、强碱性或强氧化性时，要用玻璃纤维代替滤纸或用玻璃砂漏斗代替布氏漏斗。在抽滤过程中，当漏斗里的固体层出现裂纹时，应用玻璃塞之类的东西将其压紧，堵塞裂纹，否则会降低抽滤效率。

　　减压过滤时应该注意布氏漏斗的直径应适当选择，确保与实验要求及所处理的固体颗粒大小相匹配。若选用的漏斗过大，可能导致固体颗粒在漏斗内部形成堵塞，而漏斗过小，则可能影响过滤速度和效果；滤纸应该被裁剪得略小于布氏漏斗的直径，确保其边缘能够紧密贴合漏斗内壁。若滤纸过大，可能导致液体从滤纸与漏斗之间的缝隙中流过，影响过滤效果；在进行抽滤前，应用水润湿滤纸，使其能够更好地贴合漏斗内壁，避免固体颗粒在滤纸与漏斗之间形成堵塞。确保滤纸润湿均匀，无气泡产生。在进行抽滤操作时，应先开启抽气泵，形成一定的压力差，再缓慢倒入待过滤的液体。这样做可以避免因液体突然进入漏斗而产生的溅射或溢出；为确保过滤效果及防止液体溢出，布氏漏斗内的液体高度不应超过其容积的1/3。若液体过多，可能导致过滤速度减慢，甚至发生液体溢出的情况；当抽滤操作完成后，应先关闭抽气泵，再撤去与布氏漏斗连接的导管。避免在撤去导管的过程中，因抽气泵仍在工作而产生的液体倒吸现象；若为热过滤，则过滤前应将布氏漏斗放入烘箱（或用电吹风）预热。抽滤前用同一热溶剂润湿滤纸。

　　3）**热过滤**　如果不希望溶液中的溶质在过滤时留在滤纸上，这时就要趁热进行过滤。热过滤装置如图2-23所示，热过滤的方法有以下几种。

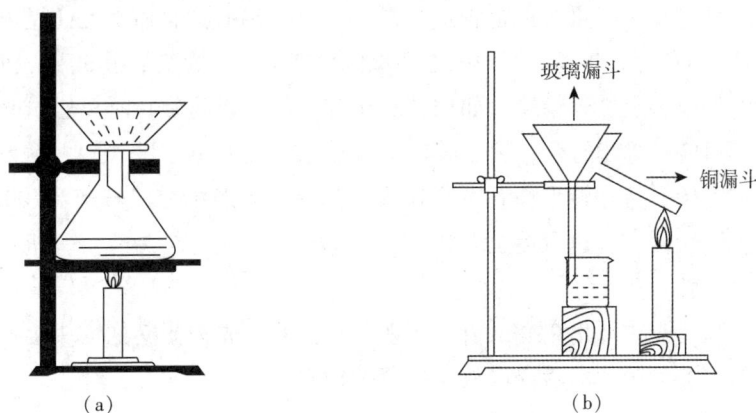

图2-23　热过滤装置图

（a）少量过滤；（b）大量过滤

　　少量热溶液的过滤，可选一颈短而粗的玻璃漏斗放在烘箱中预热后使用。在漏斗中放一折叠滤纸，其向外的棱边应紧贴于漏斗壁上，见图2-23（a），使用前先用少量热溶剂润湿滤纸，以免干燥的滤纸吸附溶剂使溶液浓缩而析出晶体。然后迅速倒液，用表面皿盖好漏斗，以减少溶剂挥发。

如过滤的溶液量较多，则应选择保温漏斗。保温漏斗是一种减少散热的夹套式漏斗，其夹套是金属套内安装一个长颈玻璃漏斗而形成的。见图 2-23（b），使用时将热水（通常是沸水）倒入夹套，加热侧管（如溶剂易燃，过滤前务必将火熄灭）。漏斗中放入折叠滤纸，用少量热溶剂润湿滤纸，立即把热溶液分批倒入漏斗，不要倒得太满，也不要等滤完再倒，未倒的溶液和保温漏斗用小火加热，保持微沸。热过滤时一般不要用玻璃棒引流，以免加速降温；接受滤液的容器内壁不要贴紧漏斗颈，以免滤液迅速冷却析出晶体，晶体沿器壁向上堆积，堵塞漏斗口，使之无法过滤。

若操作顺利，只会有少量结晶在滤纸上析出，可用少量热溶剂洗下，也可弃之，以免得不偿失。若结晶较多，可将滤纸取出，用刮刀刮回原来的瓶中，重新进行热过滤。滤毕，将溶液加盖放置，自然冷却。进行热过滤操作要求准备充分，动作迅速。

热过滤滤纸的折叠方法是先将圆滤纸折成半圆形，再对折成圆形的四分之一，以 1 对 4 折出 5，3 对 4 折出 6，如图 2-24（a）所示；1 对 6 和 3 对 5 分别再折出 7 和 8，见图 2-24（b）；然后以 3 对 6 和 1 对 5 分别折出 9 和 10，如图 2-24（c）所示；最后在 1 和 10，10 和 5，5 和 7，9 和 3 间各反向折叠，稍压紧如同折扇，见图 2-24（d）；打开滤纸，在 1 和 3 处各向内折叠一个小折面，见图 2-24（e）。折叠时在近滤纸中心不可折得太重，因该处最易破裂，使用时将折好的滤纸打开后翻转，放入漏斗。

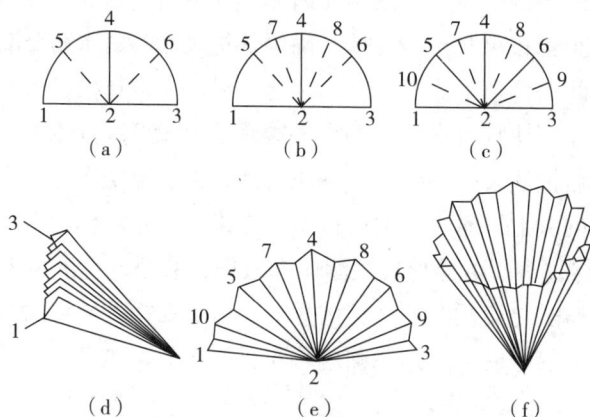

图 2-24 折叠滤纸的方法

3. 离心分离 该方法使用离心机对混合物进行离心，通过离心力将沉淀与上清液分离。该方法适用于沉淀量较小的混合物。离心后，将离心管中的上清液倒出即可。实验室常用的离心机为电动离心机。

离心分离时管套底部应垫上柔软物质，如棉花、橡皮垫等，以防旋转时离心试管被碰破。将离心试管放入离心机套管，管口应稍高出管套，离心管应对称放入，放好离心试管后，盖好盖子。启动离心机时，应由最低挡、慢速开始，待运转平稳后再开到快速。一般晶形沉淀以转速为 1000r/min 离心 1~2 分钟为宜；非晶形沉淀沉降较慢，转速可提至 2000r/min，离心 3~4 分钟为宜。关机后，应待离心机自动停止，不能用手阻止其旋转。

离心操作完毕后，从套管中取出离心试管，再取一小滴管，先捏紧其橡皮头，然后插入试管中，插入的深度以尖端不接触沉淀为限。然后慢慢放松捏紧的橡皮头，吸出溶液，移去。这样反复数次，尽可能把溶液移去，留下沉淀。

如要洗涤试管中存留的沉淀，可由洗瓶挤入少量蒸馏水，用玻璃棒搅拌，再进行离心沉降后按上法将上层清液尽可能地吸尽。重复洗涤沉淀 2~3 次。

（二）重结晶

从制备或自然界得到的固体化合物，往往是不纯的，重结晶是提纯固体化合物常用的方法之一。

固体化合物在溶剂中的溶解度随温度变化而改变，一般温度升高溶解度增加，反之则溶解度降低。如果把固体化合物溶解在热的溶剂中制成饱和溶液，然后冷却至室温或室温以下，则溶解度下降，原溶液变成过饱和溶液，这时就会有结晶固体析出。利用溶剂对被提纯物质和杂质的溶解度的不同，使杂质在热过滤时被滤除或冷却后留在母液中与结晶分离，从而达到提纯的目的。

重结晶适用于提纯杂质含量在5%以下的固体化合物。杂质含量过多，常会影响提纯效果，须经多次重结晶才能提纯。因此，常用其他方法如水蒸气蒸馏、萃取等手段先将粗产品初步纯化，然后再用重结晶法提纯。

1. 溶剂的选择 正确地选择溶剂是重结晶操作的关键。适宜的溶剂应具备以下条件：所选溶剂不与待提纯的化合物起化学反应。并要保证待提纯的化合物在该溶剂中温度高时溶解度大，温度低或室温时溶解度小，且对杂质的溶解度非常大（留在母液中将其分离）或非常小（通过热过滤除去）；被提纯的化合物在该溶剂中能得到较好的结晶。并保证溶剂的沸点不宜过低，也不宜过高。过低则溶解度改变不大，不易操作，过高则晶体表面的溶剂不易除去；所选溶剂必须价格低廉，毒性小，易回收，操作安全。另外，选择溶剂时可查阅化学手册或文献资料中的溶解度，根据"相似相溶"原理选择。如没有充足的资料可用实验方法来确定。

选择溶剂的具体实验方法：取0.1g结晶固体于试管中，用滴管逐滴加入溶剂，并不断振荡，待加入溶剂约为1ml时，注意观察是否溶解。若完全溶解或间接加热至沸完全溶解，但冷却后无结晶析出，表明该溶剂是不适用的；若此物质完全溶于1ml沸腾的溶剂中，冷却后析出大量结晶，这种溶剂一般认为是合适的；如果试样不溶于或未完全溶于1ml沸腾的溶剂中，则可逐步添加溶剂，每次约加0.5ml，并继续加热至沸，当溶剂总量达4ml，加热后样品仍未全溶（注意未溶的是否是杂质），表明此溶剂也不适用；若该物质能溶于4ml以内热溶剂中，冷却后仍无结晶析出，必要时可用玻璃棒摩擦试管内壁或用冷水冷却，促使结晶析出，若晶体仍不能析出，则此溶剂也是不适用的。

按上述方法对几种溶剂逐一试验、比较，可选出较为理想的重结晶溶剂。常用的重结晶溶剂见表2-5。当难以选出一种合适溶剂时，常使用混合溶剂，混合溶剂一般由两种彼此可互溶的溶剂组成，其中一种对待提纯物质溶解度较大，另一种则较小。常用的混合溶剂有：C_2H_5OH—H_2O、C_2H_5OH—$(C_2H_5)_2O$、C_2H_5OH—CH_3COCH_3、$(C_2H_5)_2O$-石油醚及C_6H_6-石油醚等。

表2-5 常用的重结晶溶剂

溶剂	沸点/℃	冰点/℃	相对密度	与水的混溶性	易燃性
H_2O	100	0	1.0	+	0
CH_3OH	64.96	<0	0.7914^{20}	+	+
95% CH_3CH_2OH	78.1	<0	0.804	+	+ +
CH_3CH_2OH	117.9	16.7	1.05	+	+
CH_3COCH_3	56.2	<0	0.79	+	+ + +
$(C_2H_5)_2O$	34.51	<0	0.71	—	+ + + +
石油醚	30~60	<0	0.64	—	+ + + +
$CH_3COOC_2H_5$	77.06	<0	0.90	—	+ +
C_6H_6	80.1	<0	0.88	—	+ + + +
$CHCl_3$	61.7	<0	1.48	—	0
CCl_4	76.54	<0	1.59	—	0

混合溶剂的适当比例，如果没有数据，可以这样试配：将混合物溶解于适当的易溶性溶剂中，趁热过滤以除去不溶性杂质，然后逐渐加入热的难溶性不良溶剂直到出现混浊状，加热混浊溶液使其澄清透明，再加入热的不良溶剂至混浊后再次加热至澄清。最后，即使加热溶液仍呈混浊状，这时再加很少量

易溶性溶剂，使其刚好变透明为止。将此热溶液慢慢冷却即有结晶析出。

2. 热溶液的制备 将称量好的样品放于烧杯内，加入比计算量稍少量的选定溶剂，加热煮沸。若未完全溶解，可分批添加溶剂，每次均应加热煮沸，直至样品完全溶解。如果溶剂易燃，须熄灭明火后方能添加。如果用的是有机溶剂，需安装回流装置（图2-25）。

在重结晶中，若要得到比较纯的产品和比较好的收率，必须十分注意溶剂的用量。溶剂的用量需从两方面考虑，既要防止溶剂过量造成溶质的损失，又要考虑到热过滤时，因溶剂的挥发、温度下降使溶液变成过饱和，造成过滤时在滤纸上析出晶体，从而影响收率。因此溶剂用量不能太多，也不能太少，一般比需要量多15%~20%。

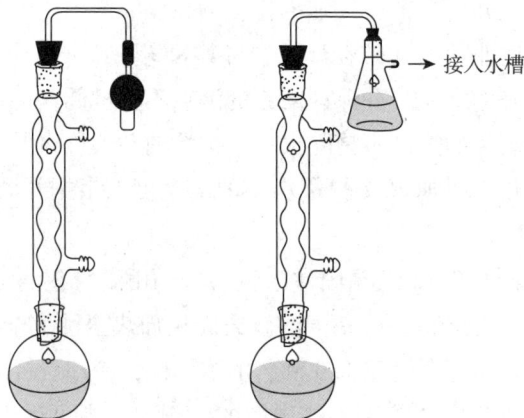

接入水槽

图2-25 冷凝回流装置

3. 脱色 溶液若含有带色杂质时，可加入适量活性炭脱色，活性炭可吸附色素及树脂状物质，使用活性炭应注意以下几点。

一是加活性炭以前，首先将待结晶化合物加热溶解在溶剂中，待热溶液稍冷后，加入活性炭，搅拌，使其均匀分布在溶液中。再加热至沸，保持微沸5~10分钟。切勿在接近沸点的溶液中加入活性炭，以免引起暴沸。二是加入活性炭的量视杂质多少而定，一般为粗品质量的1%~5%，加入量过多，活性炭将吸附一部分纯产品。加入量过少，若仍不能脱色可补加活性炭，重复上述操作。过滤时选用的滤纸要紧密，以免活性炭透过滤纸进入溶液中。若发现透过滤纸，加热微沸后应更换滤纸后重新过滤。三是活性炭在水溶液中或在极性溶剂中进行脱色效果最好，也可在其他溶剂中使用，但在烃类等非极性溶剂中效果较差。除用活性炭脱色外，也可采用层析柱来脱色，如氧化铝吸附色谱等进行脱色。

4. 热过滤 为了除去不溶性杂质必须趁热过滤。热过滤装置及操作，见过滤中有关部分。

5. 结晶的析出 将上述热过滤后的溶液静置，自然冷却，结晶慢慢析出。结晶的大小与冷却的温度有关，一般迅速冷却并搅拌，往往得到细小的晶体，表面积大，表面吸附杂质较多。如将热滤液慢慢冷却，析出的结晶较大，但往往有母液和杂质包在结晶内部。因此要得到纯度高、结晶好的产品，还需要摸索冷却的过程，但一般只要让热溶液静置冷却至室温即可。有时遇到放冷后也无结晶析出，可用玻璃棒在液面下摩擦器壁或投入该化合物的结晶作为晶种，促使晶体较快地析出；也可将过饱和溶液放置冰箱内较长时间，促使结晶析出。

6. 结晶的收集和洗涤 析出的晶体与母液分离，常用布氏漏斗进行减压过滤。减压过滤的装置及操作见过滤中的有关部分。为了更好地将晶体与母液分开，最好用清洁的玻璃塞将晶体在布氏漏斗上挤压，并随同抽气尽量除去母液。结晶表面残留的母液，可用少量的溶剂洗涤，这时抽气应暂时停止。把少量溶剂均匀地洒在布氏漏斗内的滤饼上，使全部结晶刚好被溶剂覆盖为宜。用玻璃棒或不锈钢刮刀搅松晶体（勿把滤纸捅破），使晶体润湿。稍候片刻，再抽气把溶剂抽干。如此重复两次，就可把滤饼洗涤干净。

7. 干燥、称量与测定熔点　减压过滤后的结晶，因表面还有少量溶剂，为保证产品的纯度，必须充分干燥。根据结晶的性质可采用不同的干燥方法，如自然晾干、红外灯烘干和真空恒温干燥等。

充分干燥后的结晶称其质量，测熔点，计算产率。如果纯度不符合要求，可重复上述操作，直至熔点符合为止。

（三）升华

升华是一种常见的物质分离提纯方法，某些物质在固态时有较高的蒸气压，当加热时，不经过液态而直接气化，蒸气遇冷又直接冷凝成固体，这个过程叫作升华。物质的固、液、气三相平衡曲线如图 2 - 26 所示。图中曲线 ST 表示固相与气相平衡时固相的蒸气压曲线，TM 是液相与气相平衡时液体的蒸气压曲线，TV 为固相与液相的平衡曲线，三曲线相交于 T 点，即三相点，在这一温度和压力下，固、液、气三相处于平衡状态。三相点与物质的熔点（在大气压下固-液两相处于平衡时的温度）相差很小，通常只有几分之一摄氏度，因此在一定的压力下，TV

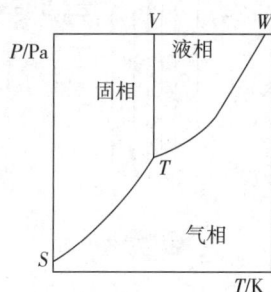

图 2 - 26　物质的三相平衡曲线

曲线偏离垂直方向很小利用升华可除去不挥发性杂质，或分离不同挥发度的固体混合物。升华常可得到纯度较高的产品，但操作时间长，损失也较大，在实验室里只用于较少量物质的纯化，因此也具有一定的局限性。

升华法适用于物质在不太高的温度下具有足够大的蒸汽压力，即在熔点前蒸汽压力应高于 266.69Pa 的固体物质。通常可分为常压升华和减压升华。如图 2 - 27（a）所示为常压升华装置示意图，操作时，把要精制的物质粉碎放在蒸发皿中，上面盖上一张有许多小孔的圆滤纸，以防升华上来的物质再落到蒸发皿中，然后将漏斗颈中塞有团较为疏松棉花的漏斗倒盖在蒸发皿上。将蒸发皿加热，小心调节火焰，控制浴温低于升华物质的熔点，而让其慢慢升华。蒸气通过滤纸小孔，冷却后凝结在滤纸上或漏斗壁上。较大量物质的升华，可在烧杯中进行，如图 2 - 27（b）所示，烧杯上放置一个通冷水的圆底烧瓶，使蒸气在烧瓶底部凝结成晶体并附着在瓶底上。所用样品必须干燥。否则，其中的水受热汽化后冷凝于瓶底，使固态物质不易附着。

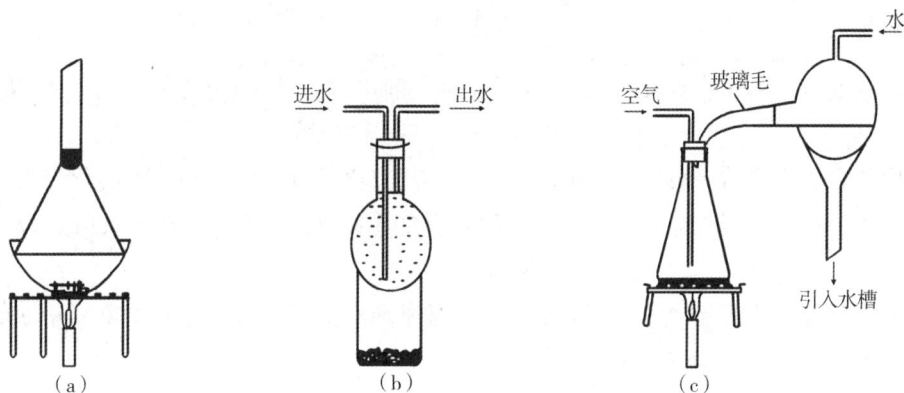

图 2 - 27　常压升华装置图

在空气或惰性气体流中进行升华，可采用图 2 - 27（c）的装置。在锥形瓶上配有双孔橡胶塞，其中一孔插入玻璃管导入固体，另一孔插入接液管的细口端，接液管的另一端伸入圆底烧瓶口内。两者间空隙部分塞上一些疏松的棉花或玻璃棉。

物质加热后，开始升华时，通入气体带出的升华物质遇到用冷水冷却的烧瓶壁就凝结在其内壁上。适用于大量物质的升华。

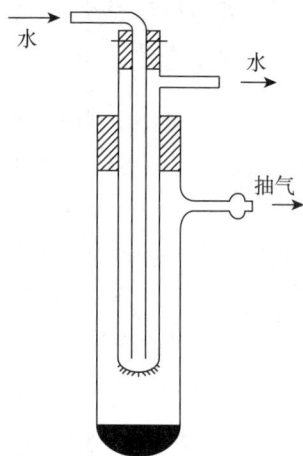

图 2 - 28 减压升华装置

为加速升华速度，还可以使升华在减压下进行。减压升华法特别适用于常压下其蒸气压不大或受热易分解的物质，图 2 - 28 是用于少量物质的减压升华。通常用油浴加热，并视具体情况而采用油泵或水泵抽气。将要精制的物质放在吸滤瓶中，然后将装有冷凝指的橡皮塞塞紧吸滤管口，利用水泵或油泵减压，先接通冷凝水，将吸滤管浸在热浴中加热使固体升华。图 2 - 28 中其他两种装置适合对于微量物质（约 50mg）的减压升华。首先在磨口接头处涂好真空油脂，然后把要精制的物质放在外管底部。通冷却水至内管（冷却管），在热浴中缓慢加热，控制住一个适宜的升华温度。

（四）萃取

萃取是分离和提纯有机物常用的方法之一，包括液-液萃取和固-液萃取。液-液萃取，亦称抽提，是利用系统中组分在溶剂中有不同的溶解度来分离混合物的单元操作。液-液萃取是利用物质在两种互不相溶（或微溶）的溶剂中溶解度或分配系数的不同，使溶质物质从一种溶剂内转移到另外一种溶剂中的方法。广泛应用于化学、冶金、食品等工业，通用于石油炼制工业。另外将萃取后两种互不相溶的液体分开的操作，叫作分液。固-液萃取，也叫浸取，用溶剂分离固体混合物中的组分，如用水浸取甜菜中的糖分、用乙醇浸取茶叶中的咖啡因等。

1. 液-液萃取 基本条件：两种溶剂互不相溶或微溶；溶质在萃取剂中的溶解度大于在原溶剂中的溶解度；溶质与萃取剂不反应。常用的仪器为分液漏斗。

分配定律是萃取方法理论的主要依据，物质对不同的溶剂有着不同的溶解度。同时，在两种互不相溶的溶剂中，加入某种可溶性的物质时，它能分别溶解于两种溶剂中，实验证明，在一定温度下，该化合物与此两种溶剂不发生分解、电解、缔合和溶剂化等作用时，此化合物在两液层中之比是一个定值，用以下公式表示。

$$\frac{c_A}{c_B} = K$$

式中，c_A 与 c_B 分别表示一种化合物在两种互不相溶地溶剂中的量浓度。K 是一个常数，称为"分配系数"。

有机化合物在有机溶剂中一般比在水中溶解度大。用有机溶剂提取溶解于水的化合物是萃取的典型实例。在萃取时，若在水溶液中加入一定量的电解质（如氯化钠），利用"盐析效应"以降低有机物和萃取溶剂在水溶液中的溶解度，常可提高萃取效果。

要把所需要的化合物从溶液中完全萃取出来，通常萃取一次是不够的，必须重复萃取数次。利用分配定律的关系，可以算出经过萃取后化合物的剩余量。

设：V 为原溶液的体积；W_0 为萃取前化合物的总量；W_1 为萃取一次后化合物的剩余量；W_2 为萃取两次后化合物的剩余量；W_3 为萃取 n 次后化合物的剩余量；S 为萃取溶液的体积。

经一次萃取，原溶液中该化合物的浓度为 $\frac{W_1}{V}$；而萃取溶剂中该化合物的浓度为 $\frac{W_0 - W_1}{S}$；两者之比等于 K，即：

$$\frac{\dfrac{W_1}{V}}{\dfrac{W_0-W_1}{S}}=K \text{ 得 } W_1 = W_0\left(\frac{KV}{KV+S}\right)$$

同理，经二次萃取后，则有

$$\frac{\dfrac{W_2}{V}}{\dfrac{W_1-W_2}{S}}=K \text{ 即得 } W_2 = W_1\left(\frac{KV}{KV+S}\right)$$

将 $W_1 = W_0\left(\dfrac{KV}{KV+S}\right)$ 代入上式，得 $W_2 = W_0\left(\dfrac{KV}{KV+S}\right)^2$

因此，经 n 次提取后：

$$W_n = W_0\left(\frac{KV}{KV+S}\right)^n$$

当用一定量溶剂时，希望在水中的剩余量越少越好。而上式 $KV/(KV+S)$ 总是小于 1，所以 n 越大，W_n 就越小。也就是说把溶剂分成数次作多次萃取比用全部量的溶剂作一次萃取为好。但应该注意，上面的公式适用于几乎和水互不相溶的溶剂，例如苯、四氯化碳等。而与水有少量互溶地溶剂乙醚等，上面公式只是近似的。但还是可以定性地指出预期的结果。

分液漏斗主要用于分离两种互不相溶且不起作用的液体；从溶液中萃取某种成分；用水或酸或碱洗涤某种产品；用来滴加某种试剂（即代替滴液漏斗）。常用的分液漏斗有球形、锥形和梨形三种。在使用分液漏斗前必须检查是否漏液（包括上口和下口）以及分液漏斗的玻璃塞和活塞有没有用橡皮筋绑住；如有漏液现象，取下活塞，用纸或干布擦净活塞及活塞孔道的内壁，然后，用玻璃棒蘸取少量凡士林，先在活塞近手柄的一端抹上少许凡士林，注意不抹在活塞孔中，再在活塞两端涂少许凡士林，然后将活塞插入分液漏斗，逆时针将凡士林旋转透明即可。

液-液萃取通常在分液漏斗中进行。操作时应选择容积较溶液体积大 1~2 倍的分液漏斗，在活塞上涂少许凡士林，转动活塞使其均匀透明。将分液漏斗顶端的玻璃塞与下端活塞用细绳套扎在漏斗上，并检查玻璃塞与活塞是否紧密。然后将分液漏斗放在固定的铁环中，关好活塞，装入待萃取物和溶剂，盖好玻璃塞，振荡漏斗，使液层充分接触，振荡方法是先把漏斗倾斜，使上口略朝下，如图 2-29 所示。活塞部分向上并朝向无人处，右手握住上口颈部，并用示指压紧玻璃塞，左手握住活塞。握持方式既要防止振荡时活塞转动或脱落，又要便于灵活地旋动活塞。振荡后，令漏斗仍保持倾斜状态，旋开活塞，放出因溶剂挥发或反应产生的气体，使内外压力平衡。如此重复数次，然后将分液漏斗静置于铁环上，使乳浊分层，然后旋转顶端玻璃塞，对好放气孔，再慢慢旋开下端活塞，将下层液体自活塞放出（若无放气孔，直接取下上口活塞）。当液面的界线接近活塞时，关闭活塞，静置片刻或轻轻振摇，这时下层液体往往增多，再把下层液体小心地放出。然后将上层液体从分液漏斗上口倒出。切不可经活塞放出，以免被漏斗活塞所附着的残液污染。

在萃取中，上下两层液体都应该保留到实验完毕，以防止中间操作发生错误，无法补救。使用分液漏斗时，应防止几种错误：用手拿住分液漏斗进行液体的分离，上层液体经漏斗的下端放出，上口玻璃塞未打开就旋开活塞放液。

分液漏斗若与 $NaOH$ 或 Na_2SO_3 等碱性溶液接触后，必须冲洗干净，若较长时间不用，玻璃塞需用薄纸包好后再塞入，否则易粘在漏斗上而打不开。

2. 液-固萃取　液-固萃取用于从固体混合物中物质的提取。利用溶剂对样品中待提取物和杂质溶解度的不同来达到分离提取的目的。

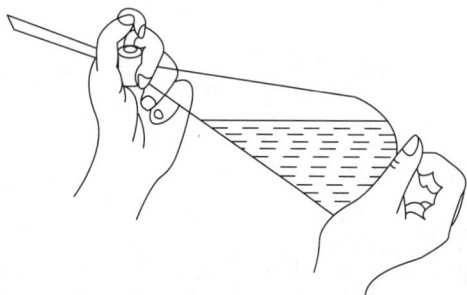

图 2-29 分液漏斗震荡方法

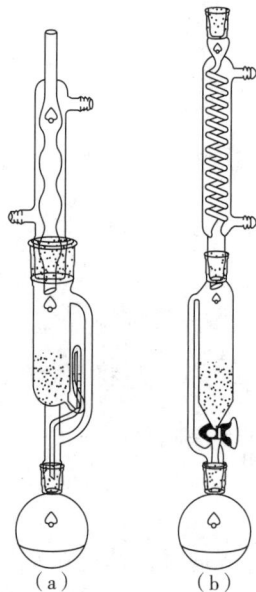

图 2-30 固-液萃取装置图

（a）索氏提取器；（b）恒压分液漏斗代替索氏提取器

实验室中常用索氏（Soxhlet）提取器进行液-固萃取，索氏提取器由烧瓶、抽提筒、回流冷凝管三部分组成，装置如图 2-30 所示。用溶剂将固体长期浸润而将所需要的物质浸出来，在实验室多采用索氏提取器来提取，利用溶剂回流及虹吸原理，使固体物质连续不断地被纯溶剂萃取，既节约溶剂，萃取效率又高。

萃取前先将固体物质研碎，以增加固液接触的面积。然后，将固体物质放在滤纸包内，置于提取器中，提取器的下端与盛有浸出溶剂的圆底烧瓶相连，上面接回流冷凝管。加热圆底烧瓶，使溶剂沸腾，蒸汽通过连接管上升，进入到冷凝管中，被冷凝后滴入提取器中，溶剂和固体接触进行萃取，当提取器中溶剂液面达到虹吸管的最高处时，含有萃取物的溶剂虹吸回到烧瓶，因而萃取出一部分物质。然后圆底烧瓶中的浸出溶剂继续蒸发、冷凝、浸出、回流，如此重复，使固体物质不断为纯的浸出溶剂所萃取，将萃取出的物质富集在烧瓶中。液-固萃取是利用溶剂对固体混合物中所需成分的溶解度大，对杂质的溶解度小来达到提取分离的目的。

索氏提取器安装前各部件应清洗干净并烘干。抽提筒要根据加热仪器的高低和抽提筒的长短固定。接收瓶连接在抽提筒下端，用夹子夹紧。后将提取物放入抽提筒，上端连接冷凝管，并用夹子夹紧。安装好的装置应整齐美观，仪器各部件所在平面应平行或垂直。实验完毕后，应与安装相反的顺序拆除装置。制作滤纸筒时大小应与抽提筒大小相当，滤纸筒既要紧贴器壁，又要方便取放（滤纸筒上可以套一圈棉线，方便提取完成后取出滤纸筒）。被提取物高度不能超过虹吸管，否则被提取物不能被溶剂充分浸泡，影响提取效果，也不能漏出滤纸筒，以免堵塞虹吸管。如果试样较轻，可以用脱脂棉压住试样。烧瓶中加入提取溶剂和沸石（没有沸石可以用玻璃珠或碎瓷片，目的就是防止暴沸）。连接好烧瓶、提取器、回流冷凝管，接通冷凝水，开始加热。沸腾后，溶剂的蒸气从烧瓶进到冷凝管中，冷凝后的溶剂回流到滤纸筒中，浸取样品。溶剂在提取器内到达一定的高度时，就携带所提取的物质一同从侧面的虹吸管流入烧瓶中。溶剂就这样在仪器内循环流动，把所要提取的物质集中到下面的烧瓶内。

（五）蒸馏

1. 普通蒸馏 蒸馏是液态物质加热至沸腾变为蒸气，随后冷却蒸气回归液态的联合操作过程。纯液体有机化合物在一定压力下具稳定沸点（沸程 0.5～1.5℃）。可利用蒸馏测定其沸点，但固定沸点液体未必纯净物，因为有些有机化合物可能与其他组分形成共沸混合物，也具特定沸点。通过蒸馏可除去不挥发性杂质，可分离沸点差大于30℃的液体混合物，还可以测定纯液体有机物的沸点及定性检验液体有机物的纯度。

蒸馏主要由气化、冷凝和接收三部分组成，如图2-31所示。

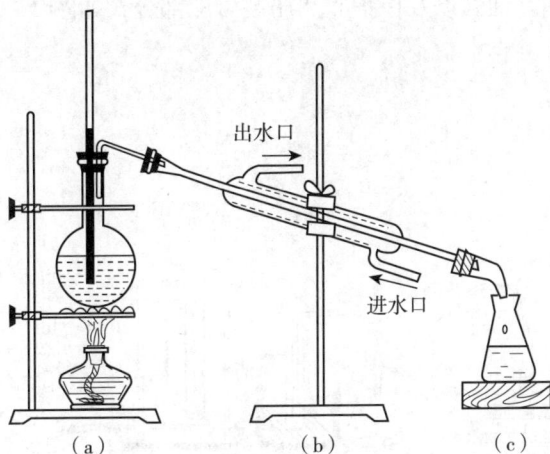

图 2-31　蒸馏装置图
(a) 气化装置；(b) 冷凝装置；(c) 接收装置

蒸馏瓶是蒸馏实验的气化装置，可用圆底烧瓶和蒸馏头组装得到，烧瓶的选用与被蒸液体量的多少有关，通常装入液体的体积应为烧瓶容积的1/3~2/3。液体量过多或过少都不宜。在蒸馏低沸点液体时，选用长颈蒸馏瓶；而蒸馏高沸点液体时，选用短颈蒸馏瓶。

温度计是蒸馏实验中温度的测定装置，温度计应根据被蒸馏液体的沸点来选，低于100℃，可选用100℃温度计；高于100℃，应选用250~300℃水银温度计。冷凝管是蒸馏实验中冷凝部分的重要组成器件，冷凝管通常可分为水冷凝管和空气冷凝管两类，水冷凝管用于被蒸液体沸点低于140℃；空气冷凝管用于被蒸液体沸点高于140℃。尾接管将冷凝液导入接收瓶中。常压蒸馏选用锥形瓶为接收瓶，减压蒸馏选用圆底烧瓶为接收瓶。

蒸馏操作中，仪器安装应遵循先下后上、先左后右的原则，拆卸时则相反。主要步骤包括加料、加热、收集馏分和拆除。加料时需避免液体从支管流出，加入沸石并正确放置温度计（水银泡与支管口相平）。确认装置稳固且气密性良好后，先通冷凝水再加热。注意冷凝水与蒸汽的逆流冷却效果较好。沸腾后，调整热源以控制蒸馏速度，以1~2滴/秒为宜，温度计读数即为馏出液沸点。收集馏分时，使用两个接收瓶，分别接收前馏分和所需馏分，并记录沸程（该馏分的第一滴和最后一滴时温度计的读数）。蒸馏结束后，先撤热源，再停水，最后按相反顺序拆除装置。需要注意的是，在蒸馏过程中要严格控制热源温度，避免温度过高或过低导致测量沸点不准确。此外，当温度计读数突然下降时，应立即停止蒸馏以防事故发生。即使液体中含有少量杂质，也不应在蒸馏过程中蒸干液体，以免损坏烧瓶或引发其他安全问题。对于组成复杂、沸点相近的混合液体，可考虑采用分馏方法进行分离。

为防止蒸馏过程中出现过热现象，可加入沸石或一端封口的毛细管作为止暴剂。在蒸馏低沸点、易燃或吸潮的液体时，应采取额外的安全措施。例如，在接液管支管处连接干燥管以防止湿气进入接收瓶，并将接收瓶置于冰浴中冷却以防止液体沸腾过快。同时，应确保实验环境通风良好，并远离火源等潜在危险源。

2. 减压蒸馏　减压蒸馏是提纯有机物的重要方法，尤适高沸点或易分解、氧化、聚合物质。回收溶剂或提速时亦常用。液体沸点随压力降低而下降，故可用真空泵降低容器内压力，进而降低沸点。此操作即减压蒸馏，沸点与压力紧密相关。

　　为了使用方便，常把不同的真空度划分为几个等级：①低真空度［101.32～1.3332kPa（760～10mmHg）］，可用水泵获得；②中真空度［1333.2～13.332Pa（10～10^{-1}mmHg）］，可由油泵获得；③高真空度［<13.332Pa（10^{-1}mmHg）］，由扩散泵获得。

　　减压蒸馏系统可分为蒸馏、抽气以及保护和测压装置三部分，如图2－32所示。

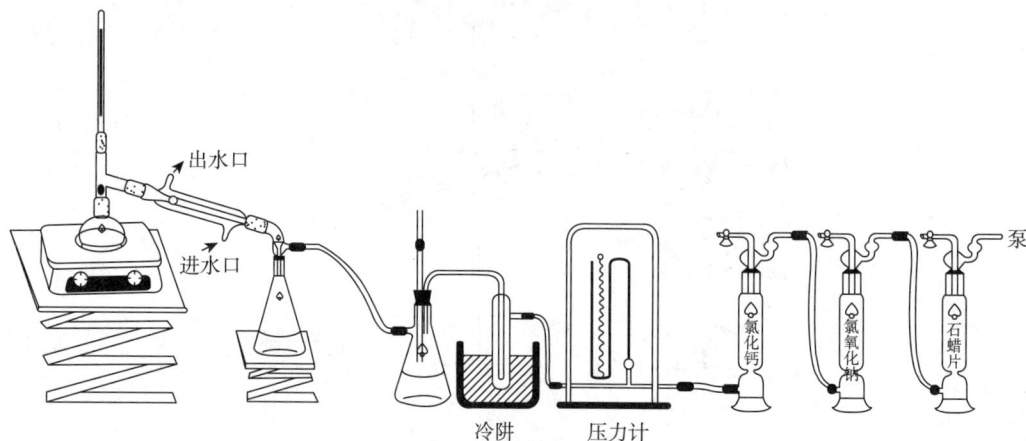

图2－32　减压蒸馏装置

　　减压蒸馏与普通蒸馏在蒸馏部分和冷凝管的使用上相似，但接液管的设计有所不同。接液管上带有小支管，便于连接抽气部分。在需要连续收集不同馏分的情况下，可采用多尾接液管。通过旋转接液管，能轻松将不同的馏分导入指定的接收容器中。

　　为保护设备和测量系统压力，需要在馏分接收器与油泵之间安装一系列保护装置和测压设备。这些装置包括冷阱和吸收塔。冷阱中冷却剂的选择根据实际需求来确定。而吸收塔通常设置三个，分别用于吸收水蒸气、酸性气体和烃类气体。

　　实验室常用水银压力计来监测减压系统的压力状态，水银压力计有开口式和封闭式两种类型。

　　减压蒸馏首先安装好蒸馏装置，并将待蒸馏的液体加入克氏蒸馏瓶中，液体量一般不超过瓶子容积的一半。接着，开启抽气泵，并逐步关紧安全瓶的二通旋塞，通过调节螺旋夹来控制导入的空气量，使其产生连续的小气泡。然后，当系统达到所需的真空度且压力稳定后，开始加热。加热浴的温度通常要比液体的沸点高出约20℃。在液体开始沸腾时，需要调整热源并时刻关注压力计上显示的压力值，确保其与所需值相符。当达到所需沸点时，通过旋转多尾接液管来收集所需的馏分，保持蒸馏速度在0.5～1滴/秒，蒸馏完成后，撤去热源并让系统稍冷，然后逐渐打开安全瓶的旋塞以平衡内外压力，使水银压力计的水银柱缓慢恢复。注意避免过快打开旋塞，以防水银柱迅速下降而损坏压力计。待内外压力平衡后，方可关闭抽气泵电源，防止油泵中的油被倒吸入干燥塔中。

　　3. 水蒸气蒸馏　水蒸气蒸馏是提纯液态或固态有机物的有效方法，尤其适用于高沸点有机物、含大量树脂状或不挥发性杂质的混合物，以及从固体反应物中分离被吸附的液体。

　　水蒸气蒸馏分离提纯需满足：①物质不溶或难溶于水；②与沸水共存不反应；③在100℃左右具有一定蒸气压（不小于1.33kPa）。

　　水蒸气蒸馏分为直接和间接两种方法。直接法简便，常用于微量实验，通过在烧瓶中加入蒸馏水并加热，使水蒸气与被蒸馏物一同蒸出，特别适用于挥发性液体和少量物料。间接法操作较复杂，适用于常量实验，需安装水蒸气发生器，通过控制水量和安全玻璃管调节内压，确保实验安全进行。装置如图2－33所示。图中A是水蒸气发生器，可使用三口瓶，也可使用金属制成的水蒸气发生器，通常盛水量以其容积的 3/4 为宜。如果太满，沸腾时水将冲至烧瓶。安全玻璃管 B 几乎插到发生器 A 的底部。当容器内气压太大时，水可沿着玻璃管上升，以调节内压。如果系统发生阻塞，水便会上升甚至从管的上口喷出，起到防止压力过高的作用。

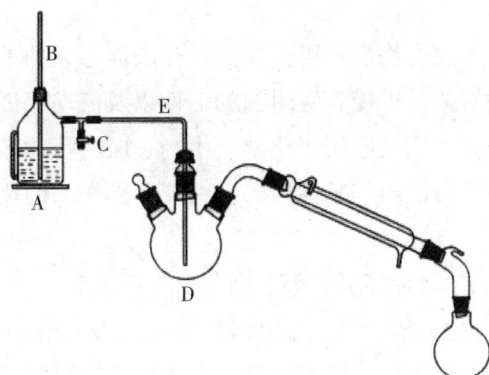

图 2-33　水蒸气蒸馏装置
A. 水蒸气发生器；B. 安全玻璃管；C. T 形管；D. 蒸馏瓶

　　蒸馏部分可用三口烧瓶，瓶内液体不宜超过其容积的 1/3。蒸气导入管 E 的末端正对瓶底中央并伸到接近瓶底 2~3mm 处。馏液通过接液管进入接收器，接收器外围可用冷水浴冷却。

　　水蒸气发生器与盛物的圆底烧瓶之间应装上一个 T 形管。在 T 形管下端连一个带螺旋夹的胶管或两通活塞，以便及时除去冷凝下来的水滴，应尽量缩短水蒸气发生器与圆底烧瓶之间距离，以减少水汽的冷凝。

　　水蒸气蒸馏操作时，先将待蒸溶液放入三颈瓶中，启动水蒸气发生器 A 加热至接近沸腾，随后关闭活塞使水蒸气稳定流入圆底烧瓶。为避免蒸气在 D 部分过度冷凝积聚，可酌情在 D 下方放置石棉网辅助小火加热。控制加热速率以确保蒸气充分在冷凝管中冷凝。若挥发出的物质熔点较高，冷凝后易形成固体，则需调缓冷凝水流速度，保持其液态。如发生固体析出导致阻塞，可暂停冷凝水，让固体熔融后随水流至接收器（可尝试用玻璃棒疏通、热风融化或用热水在冷凝管外层加热融化）。重新引入冷却水至冷凝管时，操作需谨慎缓慢，防止骤冷导致冷凝管破裂。蒸馏中断或完成时，务必先打开螺旋夹使系统通气，再停止加热，以免液体倒吸入 A 中。蒸馏过程中，若观察到安全管 B 内水位异常升高，表明系统发生堵塞，此时应迅速打开活塞并撤去热源，待清除堵塞后再继续蒸馏操作。

（六）色谱分离

　　色谱法，也被称为层析法，是一种重要的分离技术。根据分离原理的不同，它可以细分为吸附色谱、分配色谱、离子交换色谱以及排阻色谱等多种方法。

　　在色谱法的应用中，有多种分离方法可供选择，包括柱色谱法、纸色谱法、薄层色谱法、气相色谱法以及高效液相色谱法等。在进行色谱操作时，所使用的溶剂应当与试样不发生化学反应，并且应选用纯度较高的溶剂以保证分离效果。通常情况下，色谱操作是在室温下进行的，除非是在气相色谱法中有特殊要求或者另有明确规定。

　　在色谱法分离完成后，对各成分的检测也十分重要。检测的方法应根据各单体中的规定进行。例如，当使用柱色谱、纸色谱或薄层色谱分离有色物质时，可以直接根据其色带进行区分；对于无色物质，可以在紫外灯（245~365nm）下观察其荧光特性。此外，纸色谱或薄层色谱还可以通过喷洒显色剂来使无色物质显色，以便于观察。薄层色谱还可以采用荧光熄灭法，通过加入荧光物质的薄层硅胶进行检视。

　　对于定量分析，色谱法同样适用。在纸色谱法中，可以通过剪下或挖取色谱斑点部分，用溶剂溶出该成分，然后使用分光光度法或比色法进行测定。此外，色谱扫描仪也可以直接在纸或薄层板上进行测定，大大提高了分析的效率和准确性。对于柱色谱、气相色谱和高效液相色谱，可以通过接在色谱柱出口处的各种检测器进行检测。对于柱色谱，还可以采用分部收集流出液的方式，使用适宜的方法对各成分进行测定。

色谱法的分离原理主要是基于混合物中各组分在固定相表面存在的不同吸附与脱附平衡。一个分子的吸附性能不仅与其自身的极性有关，还受到吸附剂的活性以及流动相极性的影响。这使得色谱法成为一种灵活且有效的分离和检测工具，广泛应用于化学、生物、医药等领域。

化合物的极性很大程度依赖于官能团的极性强弱，因此不同类型的化合物往往表现出不同的吸附能力，常见官能团的极性顺序如下：

饱和烃＜烯烃＜芳烃、卤代烃＜硫化物＜醚类

硝基化合物＜醛、酮、酯＜醇、胺＜亚胺＜酰胺＜羧酸

当然这一顺序只是经验值，比较粗略，对于复杂化合物的极性只能通过实验比较。

在层析技术中，吸附剂的选择取决于待分离化合物的特性。理想的吸附剂应具备一系列关键属性：首先，它应能可逆地吸附目标物质，确保有效地分离；其次，吸附过程应避免对被吸附物质产生化学变化，以保持其原始性质；最后，吸附剂的粒度需适中，以保证展开剂能够以稳定的流速通过，实现均匀的层析效果。

硅胶是目前实验室中应用最为广泛的吸附剂之一，其吸附能力强大，适用于多种有机物的分离。市场上供应的硅胶产品具有不同的孔径大小，可满足不同分离需求。需要注意的是，硅胶略呈酸性，因此与强碱性有机物可能发生相互作用，所以更适合用于极性较大的酸性和中性化合物的分离。纤维素和淀粉的吸附活性相对较低，这一特性使它们更多地应用于多官能团天然产物的分离。氧化铝同样是层析中常用的吸附剂，其吸附能力强且种类多样。根据 pH 的不同，氧化铝可分为酸性、碱性和中性三种。酸性氧化铝的 pH 接近 4，适用于氨基酸和羧酸的分离；碱性氧化铝的 pH 约为 10，适用于胺类化合物的分离；而中性氧化铝的 pH 在 7 左右，适用于中性有机物的分离。

影响色谱分离度的另一个重要因素是洗脱剂，洗脱剂的选择主要根据样品的极性、溶解度和吸附剂的活性等因素来考虑。溶剂的极性越大，对特定化合物的洗脱能力也越大。色谱法用到的展开剂绝大多数是有机溶剂，其极性顺序如下：

己烷和石油醚＜环己烷＜四氯化碳＜三氯乙烯＜二硫化碳＜甲苯＜苯＜二氯甲烷＜三氯甲烷＜乙醚＜乙酸乙酯＜丙酮＜丙醇＜乙醇＜甲醇＜水＜吡啶＜乙酸

其中四氯化碳、苯、三氯甲烷、甲醇等有一定毒性，应减少使用。这些溶剂可以单独使用，也可以组成混合溶剂使用，特殊情况下还可以先后采用不同极性的溶剂实现梯度淋洗。

本书主要介绍柱色谱、纸色谱以及薄层色谱分离方法。

1. 薄层色谱　薄层色谱，简称 TLC，是一种微量、高效且操作简便的色谱分析技术。它巧妙地融合了柱色谱和纸色谱的优势，既适用于微量样品（仅需几十微克）的精细分离，又可通过加厚吸附层、点样成线的方式处理高达 500mg 的样品，因此亦可用于样品的精制。在薄层色谱中，固定相被均匀涂布在薄板（如玻璃板）上，利用毛细作用或重力驱动流动相通过固定相，从而实现样品的分离。该技术所需设备简单，操作快速，选择性高，因此在化学分析领域应用广泛。薄层色谱不仅可用于有机物的鉴定、纯度检验、定量分离，以及化学反应过程的实时监控，而且常作为柱层析的先导手段。

薄层色谱的简单操作如下：在洗涤干净的玻璃板上均匀地涂一层吸附剂或支持剂，待干燥、活化后，将样品溶液用管口平整的毛细管点加于薄层板一端，晾干后置薄层板于盛有展开剂的展开槽内，待展开剂前沿接近顶端时，将色谱板取出，干燥后喷以显色剂，或在紫外灯下显色。

记录原点至样品点中心及展开剂前沿的距离，计算比移值（R_f）：

$$R_f = \frac{\text{原点中心到组分斑点中心的距离}}{\text{原点中心到展开剂前沿的距离}}$$

因为同一物质在相同的实验条件下才具有相同的 R_f 值，所以在利用薄层色谱分离与鉴定各种化合物时，为了得到重复和较可靠的结果，必须严格控制条件，如吸附剂和展开剂的种类、层析温度等；在测定时，最好用标准物质进行对照。

（1）吸附剂的选择　薄层色谱最常用的吸附剂是氧化铝和硅胶。硅胶是无定形多孔性物质，略具酸性，适用于酸性物质的分离和分析。薄层色谱用的硅胶分为多种类型，如硅胶 H 为不含黏合剂的硅胶，硅胶 G 为含煅石膏黏合剂的硅胶，硅胶 HF 含荧光物质的硅胶，可于波长 254nm 紫外光下观察荧光，硅胶 GF 为既含煅石膏又含荧光剂的硅胶。氧化铝可根据所含粘合剂或荧光剂而分为氧化铝 G、氧化铝 GF 及氧化铝 HF 等。黏合剂除熟石膏（$2CaSO_4 \cdot H_2O$）外，还可用淀粉、羧甲基纤维素钠。再者吸附剂颗粒大小一般应在 260 目以上。若颗粒太大，展开剂移动速度快，分离效果不好；反之，颗粒太小，溶剂移动太慢，斑点不集中，效果也不理想。

（2）薄层板的制备（湿板的制备，以硅胶 GF 为例）　取五块载玻片，小心除去上面的部分水分，放在实验台上待用。称取 3g 硅胶 GF 放入小烧杯中，另取 1% 的羧甲基纤维素钠水溶液 9.5ml，慢慢加入小烧杯中并不断搅拌，调到糊状。将糊状物均匀地涂在五块载玻片的表面，如不均匀则可用手指轻弹载玻片的背面辅助使其均匀。从调浆到涂布结束要求在 5 分钟内完成，否则将会影响到涂布的均匀性。通常将薄层板按加黏合剂和不加黏合剂分为两种，加黏合剂的薄层板称为硬板，不加黏合剂的称为软板。

（3）薄层板的活化　将上述制成的湿板停放在一个水平、防尘的地方，让其自行干燥固化，表面呈白色，放在 110℃ 的烘箱内加热活化 30 分钟，取出后放在实验台上冷却片刻待用。

（4）点样　取样品于纸片或玻璃器皿中，用玻璃棒碾碎成粉末状，倒入小烧杯中。加 5ml 溶剂溶解，使固体大部分溶解后。将上层液体转移至干燥的锥形瓶中，准备点样。

取出三块较好的薄层板，薄层板上距上下边缘 1cm 处，用铅笔轻轻标出标记。然后用毛细管吸取样品，在起始线上小心点样，斑点直径一般不超过 2mm。取出一块板，左边点样品液，右边点样标准样，并用吹风机吹干。其点样方式包括点形、线形及条形，如图 2－34 所示。

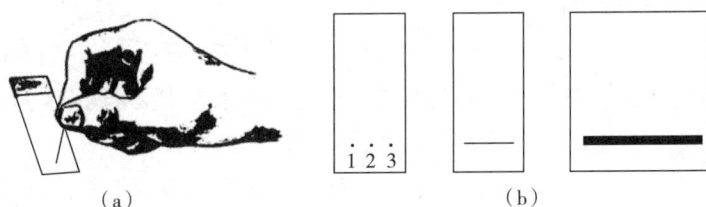

图 2－34　点样示意图

（a）为点样过程；（b）为不同点样方式

（5）展开　薄层色谱的展开，需要在密闭容器中进行。量取 5ml 事先选好的展开剂放入干净的广口瓶内，盖上塞子，使溶剂蒸气达到平衡。

将点好的薄层板用镊子小心放入展缸中，点样一端朝下，浸入展开剂中。当展开剂上升到预定的位置时（通常是上升到离板的上端约 1cm 处），立即取出层析板并尽快用铅笔在展开剂上升的前沿处划一记号，用吹风机吹干，如图 2－35 所示。

（6）鉴定　将烘干的层析板放入波长为 254nm 紫外分析仪中显色，并用铅笔不断点显现的轮廓处，标记下轮廓的图形，在纸上画出载玻片及各轮廓的图形及位置，用尺子量出从三个斑点中心到起点的距离和展开剂从起点到终点的距离，计算出 R_f 值，如图 2－36 所示。

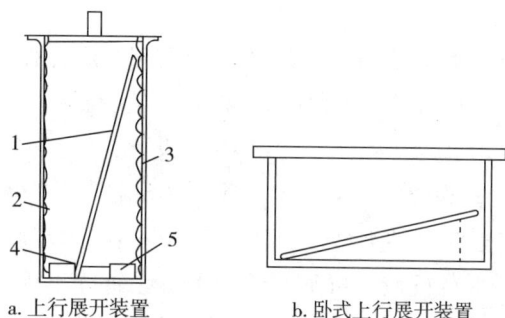

a. 上行展开装置　　b. 卧式上行展开装置

图 2-35　薄层色谱展开装置

1. 薄板；2. 滤纸；3. 色谱缸；4. 展开剂；5. 玻璃块

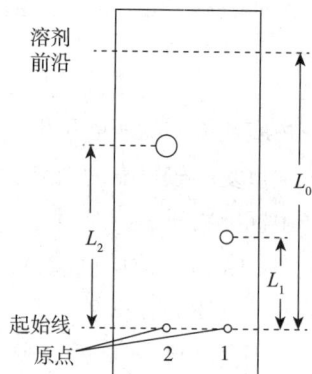

图 2-36　R_f 计算示意图

薄层色谱可使用浓硫酸、浓盐酸、浓磷酸等腐蚀性显色剂。紫外光下，荧光薄层板上的有机化合物呈现暗色斑点。另外，碘蒸气可使有机化合物斑点呈黄棕色，但需注意晾干溶剂以防干扰显色。

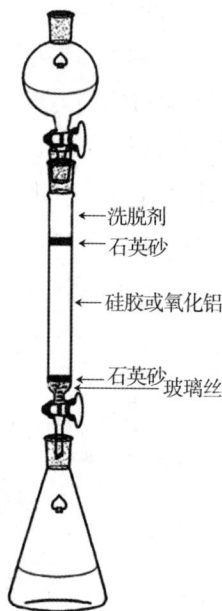

图 2-37　柱色谱装置图

2. 柱色谱　柱色谱依据原理分为吸附色谱、分配色谱、离子交换色谱等多种类型。其中，吸附色谱，又称为"液-固相色谱"，其固定相由化学性质稳定、表面积大的吸附剂（如活性炭、硅胶等）构成，而流动相则是液体。当多组分溶液流经装有细粉多孔吸附剂的柱体时，由于吸附剂对各组分的吸附力存在差异，从而实现选择性吸附。通过适当的淋洗液淋洗，各组分在吸附剂与淋洗液之间不断经历吸附与解吸过程，最终实现逐步分离。这种吸附与解吸的相互作用主要基于可逆的范德华力，使得被吸附物在特定条件下能够脱离吸附剂表面，即解吸作用。

分配色谱则利用被分离物质在两相中分配系数的不同来实现分离。其中，一相为液体，常涂布或键合于固体载体（如硅胶、硅藻土、硅镁型吸附剂、纤维素粉等）上，形成固定相；另一相则为液体或气体，作为流动相。

离子交换色谱则是基于被分离物质在离子交换树脂上的离子交换势差异进行分离。常用的离子交换树脂包括不同强度的阳、阴离子交换树脂，流动相通常为水或含有有机溶剂的缓冲液。

柱色谱装置通常由柱子、吸附剂或固定相以及流动相组成，通过合理的操作和条件控制，可以实现对复杂混合物的高效分离，如图 2-37 所示。

（1）吸附剂的选择　理想的吸附剂应该具备以下条件：能够可逆地吸附待分离的物质；不能使被吸附物质发生化学变化；粒度大小应使展开剂以均匀的流速通过色谱柱。硅胶是实验室应用最广的吸附剂，市场上有各种不同孔径大小的硅胶供应。由于它略带酸性，能与强碱性有机物发生作用，所以适用于极性较大的酸性和中性化合物的分离。

吸附剂的用量与待分离样品的性质和吸附剂的极性有关。通常吸附剂用量为样品量的 30~50 倍，如样品中各组分性质相似，则用量应更大。

（2）溶剂和洗脱剂的选择　一般把用以溶解样品的液体称为溶剂，而用来洗色谱柱的液体叫作洗脱剂或淋洗液，两者常为同一物质。在选择时可根据样品中各组分的极性、溶解度和吸附剂的活性等来考虑，且经常要凭经验决定。

洗脱剂的极性大小对混合物的分离影响较大。极性越大，洗脱能力或展开能力越强，化合物移动就越远。因此，所用的洗脱剂应从极性小的开始，以后逐渐增加极性。也可以使用混合溶剂，其极性介于单一溶剂极性之间，并采取逐步增加极性较大溶剂的比例，使吸附强的组分洗脱下来。有时还可以采用梯度淋洗法，即在洗脱过程中，连续改变洗脱剂的组成，使溶剂极性逐渐增加，这样洗脱可使样品中的组分在较短时间内分离完毕。

（3）色谱柱的装填　色谱柱一般用透明的玻璃做成（图 2-38），便于观察实验情况。底部的玻璃活塞应尽量不涂油脂，以免污染洗脱液。柱子大小视处理量而定，一般按照如下方法选择色谱柱：

$0 \sim 1g \rightarrow 3.0cm$

$2 \sim 3g \rightarrow 4.3cm$

$4 \sim 7g \rightarrow 5.7cm$

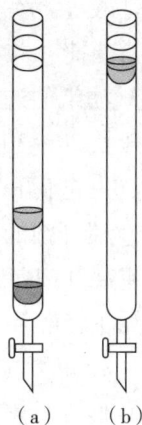

图 2-38　色谱柱示意图
(a) 砂芯；(b) 普通色谱柱

吸附剂用量：>30 倍样品。色谱柱高度：>10 倍柱直径。

先将色谱柱垂直地固定于支架上，柱的下端铺一层脱脂棉（或玻璃棉）。为了保持平整的表面，可在脱脂棉上再铺一层约 5mm 厚的石英砂，有的色谱柱下端已是用砂心片烧结而成，可直接装柱。

①干法装柱：在柱的上端放一玻璃漏斗，使吸附剂经漏斗成一细流，慢慢注入柱中，并经常用橡皮锤或大橡皮塞轻轻敲击管壁，使填装均匀，直到吸附剂的高度约为柱长的四分之三为止。然后沿管壁慢慢地倒入洗脱剂，使吸附剂全部润湿，并略有多余。最后在吸附剂顶部盖一层约 5mm 厚的石英砂。由于这种方法在添加溶剂时易出现气泡，吸附剂也可能发生溶胀，所以一般很少采用。为了克服上述缺点，通常先将洗脱剂加入柱内，约为柱高的四分之三处，然后一边通过活塞使洗脱剂缓缓流出，一边将吸附剂通过玻璃漏斗慢慢地加入，同时用橡皮锤轻轻敲击柱身，待完全沉降后，再铺上沙子或用小的圆滤纸覆盖，以防加入样品或洗脱剂冲动吸附剂表面。

②湿法装柱：将洗脱剂装入约为柱高的二分之一后，把下端的活塞打开，使洗脱剂一滴一滴地流出，然后通过玻璃漏斗将调好的吸附剂和洗脱剂的糊状物，慢慢地倒入柱内。加完后继续让洗脱剂流出，直到吸附剂完全沉降，高度不变为止，最后再加入石英砂或一张圆滤纸。这种方法比干法好，因为它可把留在吸附剂内的空气全部赶出，使吸附剂均匀地填在柱内。

（4）加样与洗脱

①湿法上样　柱填装后，让洗脱剂继续流出，到液面刚好接近吸附剂表面时关闭活塞。将样品溶于少量洗脱剂中，小心地沿柱壁加入柱中，形成均匀的薄层，打开活塞，直到液面接近吸附剂表面时再关闭活塞。用少量洗脱剂洗涤柱壁上的样品，重新打开活塞使液面下降至吸附剂表面。重复 3 次，使样品全部进入吸附剂，然后用洗脱剂洗脱。洗脱速度不宜过快，以 1~2 滴/秒为宜，否则柱中交换来不及达到平衡会影响分离效果。操作过程中要及时添加洗脱剂，不要让洗脱剂走完，否则易产生气泡或裂缝，影响分离效果。

②干法上样　将待分离样品加少量溶剂溶解，再加入 1~2 倍样品量的吸附剂，超声后，在旋转蒸发仪上蒸发至干（防爆球要塞棉花以防冲出）。其次，待柱子压实后，由柱上端缓缓加入已制好的样品，并轻敲柱身使样品沉积面填充平整，再缓缓加入石英砂，同时轻敲柱管使石英砂沉积面填充平整。

③洗脱　由柱上端缓缓加入适量洗脱剂，打开柱下端活塞，开始过柱。收集的洗脱液一般 5~20ml 为一瓶，具体的量要视情况而定。所得洗脱液可用薄层色谱或纸色谱跟踪，并决定能否合并在一起。对有色物质，也可按色带分别收集。无色的样品如经紫外光照射能呈荧光的，可用紫外光照射来观察和监测混合物展开和洗脱的情况。

洗脱液合并后，蒸去溶剂就可以得到某一组分。如果是几个组分的混合物，需用新的色谱柱或通过其他方法进一步分离。

3. 纸色谱　纸色谱法，又称纸上层析，与薄层色谱相似但原理近于萃取。滤纸为载体，水为固定相，展开剂为流动相。溶剂经毛细作用沿滤纸上升，样品组分在两相中分配，因分配系数不同，溶解度大的组分移动快，水溶大的慢，实现分离。此法适用于多官能团或极性大化合物的分析，如碳水化合物、氨基酸等。R_f 值为定性指标，但受多因素影响，需与标准样对照。纸色谱法展开时间长，操作不及薄层色谱便捷。

（1）滤纸的选择　选择的滤纸应厚薄均匀、平整无折痕，通常用新华 1 号滤纸。滤纸大小可自行选择，一般长 20~30cm，宽度以样品个数多少而定。操作时手指不能与滤纸的层析部分接触，否则指印将和斑点一起显出。

（2）展开剂的选择　要根据被分离物质的性质，选用合适的展开剂。水是作为展开剂的一个组分，因此所有展开剂通常需先用水饱和，以使溶剂在滤纸上移动时有足够水分供给滤纸吸附。文献上所指的展开剂如正丁醇 - 水，就是指用水饱和的正丁醇。

（3）点样　点样方法与薄层色谱类似。

（4）展开　展开需在密闭的层析缸中进行，在层析缸中加入展开剂，将滤纸的一端悬挂在层析缸的支架上，另一端浸在展开剂液面下 1cm 左右，并使试样的原点在液面之上。由于毛细作用，展开剂沿滤纸条慢慢上升，当接近终点时，取出纸条，记下展开前沿位置，晾干。也可将滤纸卷成大圆筒，使点样线在筒的内部进行展开，展开方式除了上述上升法外，还有下降法、双向层析法和环行法等。

（5）显色　纸色谱的显色与薄层层析相似。

第三部分 化学技能实验项目

【基本技能训练实验】

实验1 安全教育、玻璃器皿洗涤及基本操作

【实验目的】

1. 掌握常见仪器的基本操作方法。

2. 熟悉化学实验的安全常识、基本要求。

3. 认领化学实验常用仪器。学习常见玻璃仪器的洗涤方法。

【实验内容】

1. 熟悉实验环境，实验室安全知识及规章制度学习。

2. 认领实验室常用仪器，并且清点，检查有无破损。两个同学一组，认真清点自己台面（实验柜）的所有仪器，如发现残缺应及时报告实验员教师调换或补齐。实验过程中，如有损坏或丢失，也应及时报告实验员教师进行更换。

3. 对常见玻璃仪器和瓷器进行洗涤，掌握基本方法（水刷洗、洗涤剂刷洗、超声波清洗及铬酸洗液洗）。

洗涤容器时应遵循少量（每次用少量的洗涤剂）多次的原则，既节约，又提高效率。

玻璃仪器清洗干净的标准是用水冲洗后，仪器内壁能均匀地被水润湿而不沾附水珠，如果仍有水珠沾附内壁，说明仪器还未洗净，需要进一步进行清洗。

4. 对常见的玻璃仪器移液管、吸量管、容量瓶、滴定管进行基本操作训练，达到熟练程度。

【思考题】

移液管和吸量管的区别和联系是什么？

实验2 溶液的配制与稀释

【实验目的】

1. 初步学会吸量管、移液管和容量瓶的使用方法。

2. 会进行质量浓度、物质的量浓度的配制和稀释操作。

【仪器与试剂】

1. **仪器** 吸量管（1ml、2ml、5ml、10ml）、移液管（25ml）、容量瓶（50ml、100ml），量筒（10ml、100ml），烧杯（50ml、250ml、500ml）、玻璃棒、洗耳球、滴管各一，电子天平，称量纸若干，角匙。

2. **试剂** 浓 H_2SO_4，乳酸钠溶液（1mol/L），乙醇（体积分数95%）。

【实验内容】

1. **几种容器的使用方法** 以水代替溶液练习吸量管、移液管和容量瓶的使用方法。

2. 溶液的配制。

（1）粗略的配制　配制 40g/L NaCl 溶液 50ml。

①计算　算出配制质量浓度为 40g/L NaCl 溶液 50ml 所需 NaCl 的质量（g）。

②称量　用电子天平称取所需 NaCl，放入 100ml 烧杯中。

③溶解　用量筒量取 50ml 蒸馏水，并将其中 30ml 蒸馏水倒入烧杯中，用玻璃棒搅拌，使 NaCl 完全溶解。

④定容　将量筒中剩余的蒸馏水全部加入烧杯搅拌，并静置 5 分钟。

将配置好的溶液倒入指定的回收瓶。

（2）精确的配制　用浓硫酸精确配制 0.3mol/L H_2SO_4 100ml。

①计算　算出配制 0.3mol/L H_2SO_4 100ml 需用质量分数为 0.98、密度为 1.84g/ml 浓硫酸的体积（ml）。

②移取　用 2ml 吸量管移取所需浓硫酸。

③稀释　将浓硫酸沿烧杯壁缓缓加入到约 80ml 蒸馏水中，此过程中不断用玻璃棒进行搅拌来散热。

④转移　将稀释后的浓硫酸冷却至室温，然后将其转移到 100ml 容量瓶中，此过程必须引流，且必须等到溶液冷却完全才可转移。

⑤洗涤　用适量蒸馏水洗涤烧杯 2~3 次，并将洗涤液移入容量瓶。

⑥往容量瓶中加蒸馏水至离标线约 1cm 处，改用滴管加蒸馏水至溶液的凹液面与标线相切，盖好瓶塞，混匀，并静置 5 分钟。

将配制好的溶液倒入指定的回收瓶中。

3. 溶液的稀释

（1）将 1mol/L 乳酸钠溶液稀释成 1/6mol/L 乳酸钠溶液 50ml。

①计算　算出配制 1/6mol/L 乳酸钠溶液 50ml 需用 1mol/L 乳酸钠溶液的体积（ml）。

②移取　用吸量管吸取所需 1ml/L 乳酸钠溶液，并移至 50ml 容量瓶中。

③稀释、定容　往容量瓶中加蒸馏水至离标线约 1cm 处，改用滴管加蒸馏水至溶液的凹液面与标线相切，盖好瓶塞，混匀。

将配制好的溶液倒入指定的回收瓶中。

（2）独立完成将体积分数为 95％的药用乙醇稀释成体积分数为 75％的消毒酒精 50ml。

【思考题】

1. 仔细观察吸量管、移液管、量筒、容量瓶上印制的字符，A、B、Ex、In 分别代表什么意思。

2. 仔细观察 1ml、2ml、5ml、10ml 的吸量管，最小精度分别是多少？

实验 3　分析天平的称量练习

【实验目的】

1. 掌握电子分析天平的基本操作和样品的称量方法，熟练使用电子分析天平。

2. 了解电子分析天平的工作原理。

【实验原理】

分析天平是定量分析中重要的精密仪器，为了保证测定结果和实验结果的准确性，必须准确称量物质的质量，分析天平一般指能精确称量到 ±0.0001g 的天平，它是比台秤更为精确的称量仪器。目前电子分析天平具有操作简单快速、性能稳定、精度高、与电脑的兼容性强等特点，实用性强，被广泛使用。本实验主要介绍电子分析天平的使用。

电子分析天平的称量依据电磁力平衡原理，电磁力与物质的重力相平衡。称量盘通过支架连杆与一线圈相连，该线圈置于固定的永久磁铁的磁场中，当线圈通电时自身产生的电磁力与磁体磁力作用，产生向上的作用力。该力与称盘中称量物质的向下重力达到平衡，线圈中通入的电流大小与称量物质的重力成正比，利用电流大小可计量称量物的重量。

【仪器与试剂】

1. 仪器　称量瓶、电子分析天平、称量纸、手套或纸带、钥匙。

2. 试剂　氯化钠。

【实验内容】

1. 直接称量法　称取一干净称量瓶的质量，将称量瓶放入电子天平内，待显示准确质量后，记录质量 M_1。

2. 指定称量法　称取 0.5000g 氯化钠一份。取称量纸，放入电子天平内，待显示准确质量后，去皮归零，缓慢用钥匙加入氯化钠至 0.5000g，接近目标质量时左手轻扣右手手腕，缓慢加入样品至 0.5000g。记录准确质量。

3. 差量法　称取三份 0.5000g 左右的氯化钠（模拟易于空气反应和潮解的物质）试样，取称量瓶，打开瓶盖，用药匙快速加入适量试样约 1.5g 左右的氯化钠（结合 1.2 实验，估计 1.5g 氯化钠的体积大小），盖上瓶盖。称出称量瓶加试样后的准确质量，记下读数。将称量瓶从天平上取出，当倾出的试样接近所需量时，然后盖好瓶盖，准确称量称量瓶和剩余式样的总质量，记下读数。两次质量之差，即为试样的质量。连续操作，得到三份约为 0.5000g 氯化钠试样，准确记录称量质量，计算处理数据。

【实验提示】

1. 严格规范操作分析天平，安装时已经严格校准，不可轻易移动分析天平。

2. 称量要使用称量纸或称量器皿。严禁直接在秤盘称量。

3. 分析天平称量不能超过最大载荷（最大载荷见仪器上的标识）。

4. 每次称量完毕，清洁天平，防止腐蚀和污染。

【思考题】

什么情况适用递减称量法？

实验 4　酸碱溶液的比较滴定

【实验目的】

1. 掌握溶液的配制、半滴操作及利用指示剂确定终点的方法。

2. 熟悉酸碱指示剂的选择方法。

3. 学习滴定分析常用仪器的洗涤和正确使用方法。

【实验原理】

NaOH 和 HCl 溶液相互滴定时，其化学计量点的 pH 为 7.0，若溶液的浓度约 0.1mol/L，则滴定的 pH 突跃范围为 4～10。在此突跃范围内变色的指示剂有甲基橙（变色范围 pH 3.1～4.4）、甲基红（变色范围 pH 4.4～6.2）和酚酞（变色范围 pH 8.0～9.6）等。当指示剂一定时，用一定浓度的 HCl 和 NaOH 溶液相互滴定，滴定至终点所消耗的 HCl 和 NaOH 的体积比（V_{HCl}/V_{NaOH}）应是一定的，通过多次滴定可检验滴定操作技术的掌握程度和判断终点的能力。

【仪器与试剂】

1. 仪器 台秤，酸式滴定管（25ml），碱式滴定管（25ml），锥形瓶（250ml），烧杯（50ml），量筒（10ml），吸量管（20ml），试剂瓶（250ml）。

2. 试剂 浓 HCl(AR)、固体 NaOH（AR）、甲基橙指示剂（1g/L），酚酞指示剂（2g/L，乙醇溶液）。

【实验内容】

1. 0.1mol/L HCl 溶液的配制 用洁净量筒在通风橱中量取约 2.5ml 浓 HCl，倒入装有适量蒸馏水的试剂瓶中，加蒸馏水稀释至 250ml，盖上玻璃塞，充分摇匀。

2. 0.1mol/L NaOH 溶液的配制 用玻璃烧杯在台秤上迅速称取固体 NaOH 1g，加入少量蒸馏水使之溶解，稍冷却后转入试剂瓶中，加蒸馏水稀释至约 250ml，用橡胶塞塞好瓶口，充分摇匀。

3. 滴定操作练习 将酸式滴定管的旋塞涂凡士林、碱式滴定管安装乳胶管和玻璃珠，检漏、洗净后，分别用 0.1mol/L HCl 溶液、0.1mol/L NaOH 溶液润洗 3 次（每次约 5ml），再装入溶液至"0"刻度线以上，排除滴定管尖嘴气泡，调节液面至 0.00ml 处。

（1）以甲基橙作指示剂，用 HCl 滴定 NaOH 溶液　用吸量管准确移取 20.00ml NaOH 溶液于 250ml 锥形瓶中，加入 50ml 蒸馏水，1～2 滴甲基橙指示剂，用 0.1mol/L HCl 溶液滴定至溶液由黄色变为橙色即为滴定终点，平行测定 3 次。

（2）以酚酞作指示剂，用 NaOH 滴定 HCl 溶液　用吸量管准确移取 20.00ml HCl 溶液于 250ml 锥形瓶中，加入 50ml 蒸馏水，2～3 滴酚酞指示剂，用 0.1mol/L NaOH 溶液滴定至溶液呈淡粉红色，30 秒不褪色即为滴定终点，平行测定 3 次。

【数据记录与处理】

1. HCl 滴定 NaOH 溶液（指示剂：甲基橙）

表 3-1　HCl 滴定 NaOH 溶液数据记录表

项目	测定编号		
	1	2	3
V_{NaOH}（ml）			
V_{HCl}（初）（ml）			
V_{HCl}（终）（ml）			
$\overline{V}_{HCl/NaOH}$（ml）			
偏差%			
相对平均偏差			

2. NaOH 滴定 HCl 溶液（指示剂：酚酞）

表 3-2　NaOH 滴定 HCl 溶液数据记录表

项目	测定编号		
	1	2	3
V_{HCl}（ml）			
V_{NaOH}（初）（ml）			
V_{NaOH}（终）（ml）			
$\overline{V}_{HCl/NaOH}$（ml）			
偏差%			
相对平均偏差			

【注意事项】

1. 滴定管体积读数要读至小数点后两位。

2. 近终点时，半滴操作，并随时用洗瓶冲洗锥形瓶内壁。

3. 注意观察指示剂的颜色变化，加入半滴溶液变色即为滴定终点。

【思考题】

1. 在滴定分析法实验中，滴定管和移液管是否需用滴定剂和待移取的溶液润洗？用于滴定的锥形瓶是否需要干燥或用待测液润洗？为什么？

2. 配制 NaOH 溶液时，应选用哪种天平称取试剂？为什么？

3. HCl 和 NaOH 溶液能直接配制准确浓度吗？为什么？

4. 每次滴定完毕后，为什么要将滴定剂重新加至滴定管零刻度线以上，调整液面后再进行下一次滴定？

实验 5　紫外–可见分光光度计的性能检验

【实验目的】

1. 熟悉紫外–可见分光光度计性能检验的意义。

2. 掌握紫外–可见分光光度计的操作方法。

3. 学习紫外–可见分光光度计的重复性、波长准确度检查等性能检验方法。

【实验原理】

紫外–可见分光光度法是以溶液中物质的分子或离子对紫外–可见光谱区辐射能的选择性吸收为基础而建立起来的一类分析方法。分光光度计的性能好坏，直接影响到测定结果的准确性，因此新购仪器及使用一定时间后，均需进行重复性、波长准确度的检验调整。同种厚度、材质的吸收池，由于材料及工艺等原因，往往造成透光率的不一致，从而影响测定结果，故在使用时需加以选择配对。

【仪器与试剂】

1. **仪器**　紫外–可见分光光度仪，吸收池。

2. **试剂**　$K_2Cr_2O_7$（60mg/L，以 0.02mol/L 的 H_2SO_4 溶液配制），$KMnO_4$（0.002mol/L），NaI（10g/L），$NaNO_2$（50g/L）。

3. **其他**　镜头纸。

【实验内容】

1. **吸收池透光率和配对性检查**　吸收池透光面应无色透明。以空气的透光率为 100%，则吸收池的透光率应不低于 84%，同时在 450、650nm 处测定其透光率，各透光率差值应小于 5%。

同种规格厚度的吸收池之间，透光率误差应小于 0.5%。检查方法如下：将蒸馏水分别注入厚度相同的几个吸收池中。以其中任一个吸收池的溶液做空白，在 440nm 波长处分别测定其他各吸收池中溶液的透光率，然后选择相差小于 0.5% 的吸收池使用。

2. **重复性检查**　仪器在同一工作条件下，用同种溶液连续测定 7 次，其透光率的极差（最大读数与最小读数之差）应小于 0.5%。检查方法：以 0.02mol/L 的 H_2SO_4 溶液为空白，用同一 $K_2Cr_2O_7$ 溶液连续测定 7 次，求出透光率极差，如小于 0.5%，则符合要求。

3. **波长准确度检查**　当仪器经过长途搬运、受过机械振动或更换光源灯泡后，必须进行波长准确度的检查与校正。波长准确度的常用检查方法如下。

（1）使用已知浓度的标准溶液，分别在紫外和可见光波段进行测量。实际测得的标准溶液的最大吸收波长与理论标准波长之间的偏差应在仪器允许的波长准确度范围之内。以 $KMnO_4$ 溶液的最大吸收波长 525nm 为标准，在待测仪器上测绘 $KMnO_4$ 溶液的吸收曲线，若测得的最大吸收波长在 ±1nm 以内，则仪器的波长准确度符合使用要求。

（2）使用 D_2 灯的 2 个特征峰：486.0nm、656.1nm，进行波长准确度检查。随着紫外-可见分光光度计的不断发展，仪器的自动化程度越来越高，大部分仪器都可以通过主机面板（或操作软件）的操作选项中内置的准确性检查程序直接进行波长准确度检查（具体步骤可参考仪器使用说明书）。

仪器选择"光谱模式"，仅使用 D_2 灯，设定记录范围 0～100，波长范围 650～660nm，中速扫描，自动采样间隔。测绘光谱后，使用峰检测，检查峰值范围在 655.8～656.4nm。同样检查 486.0nm，改变记录范围：0～30，波长范围：480～490nm，如上操作，检查峰范围应在 485.7～486.3nm。

另外基线平直度及噪音等指标也可以自动检查。

4. 吸光度准确度检查　以 0.02mol/L H_2SO_4 溶液为空白，在以下波长处测定 $K_2Cr_2O_7$ 溶液吸光度值并计算其吸收系数，并与规定的吸收系数比较（表 3-3），测定值应符合规定的范围（±1% 以内）（可用光谱扫描或光度值直读）。

表 3-3　$K_2Cr_2O_7$ 不同波长的吸收系数

波长/nm	235	257	313	350
吸收系数 $E_{1cm}^{1\%}$	123.0～126.0	142.8～146.2	47.0～50.3	105.5～108.5

5. 杂散光检查　以蒸馏水为空白，在 220nm 处测定 10g/L 的 NaI 溶液的透光率。由于 NaI 溶液在 220～258nm 范围不透光，故仪器的透光率应为 0。若仪器的实际透光率不为 0，即有光信号输出，即为 220nm 处的杂散光。与此类似，在 360nm 处测定 50g/L 的 $NaNO_2$ 透光率，$NaNO_2$ 溶液在 360～385nm 处不透光，故仪器在 360nm 处的透光率应为 0。若有光信号输出，即为 360nm 处的杂散光。

Ⅰ 级仪器的杂散光应 ≤0.1% T。

表 3-4　单光束紫外可见分光光度计杂散光要求（GB/T 26798—2011）

仪器分级	测试用波长、物质	杂散光（%）
Ⅰ		0.1
Ⅱ	220nm 10g/L NaI 溶液	0.3
Ⅲ		0.5
Ⅳ		0.7
Ⅰ		0.1
Ⅱ	360nm 50g/L $NaNO_2$ 溶液	0.3
Ⅲ		0.5
Ⅳ		0.7

【数据处理】

1. 根据测得的透光率数据，判断吸收池的透光性、配对性等是否符合要求。

2. 根据测得 $KMnO_4$ 溶液的吸收曲线，找出 $KMnO_4$ 的最大吸收峰，判断仪器波长准确度是否符合使用要求。

3. 根据测得的 $K_2Cr_2O_7$ 溶液吸光度值并计算其吸收系数，判断仪器的吸光度准确度是否符合使用要求。

【注意事项】

1. 吸收池的光学透光面，必须洁净，不准用手触摸，只能使用镜头纸擦拭。吸收池每次使用完毕后，应立即洗净，用吸水纸揩干，存于吸收池的盒内。

2. 每台仪器所配套的吸收池不能与其他仪器上的吸收池单个调换。

3. 仪器使用完毕后，用随机提供的塑料套罩好，并放置数袋防潮硅胶，以免灯室受潮，反射镜发霉或玷污会影响仪器性能。

【思考题】

1. 同种比色皿透光度的差异对测定有何影响？

2. 检查分光光度计的重复性对测定有什么实际意义？

【物质的分离、提纯和鉴定】

实验 6　药用氯化钠的制备

【实验目的】

1. 掌握提纯氯化钠的原理和方法。

2. 掌握溶解、沉淀、过滤、蒸发、浓缩、结晶和干燥等基本操作。

3. 学习减压抽滤的实验操作。

【实验原理】

粗食盐精制后可得到纯的氯化钠晶体，化学试剂或医药用的 NaCl 都是以粗食盐为原料来提纯的。粗食盐中通常含有泥沙等不溶性杂质及 K^+、Ca^{2+}、Mg^{2+}、Fe^{3+} 和 SO_4^{2-} 等可溶性杂质。

提纯粗食盐时，粗食盐中的泥沙等可利用溶解、过滤的方法除去，而 Ca^{2+}、Mg^{2+}、Fe^{3+} 和 SO_4^{2-} 等离子可选择适当的沉淀剂使之生成沉淀而除去。通常是先在粗食盐溶液中加入过量的 $BaCl_2$ 溶液除去 SO_4^{2-}。

$$Ba^{2+} + SO_4^{2-} = BaSO_4 \downarrow$$

过滤除去 $BaSO_4$ 沉淀后，在滤液中加入 NaOH 溶液和 Na_2CO_3 溶液，以除去 Ca^{2+}、Fe^{3+}、Mg^{2+} 和 Ba^{2+}

$$Ca^{2+} + CO_3^{2-} = CaSO_3 \downarrow$$

$$Mg^{2+} + 2OH^- = Mg(OH)_2 \downarrow$$

$$Ba^{2+} + CO_3^{2-} = BaCO_3 \downarrow$$

过滤除去沉淀后，在滤液中加入盐酸除去过量的 NaOH 和 Na_2CO_3

$$2H^+ + CO_3^{2-} = H_2O + CO_2 \uparrow$$

$$H^+ + OH^- = H_2O$$

用沉淀剂不能除去 K^+ 离子。由于蒸发温度升高时，KCl 的溶解度大于 NaCl 的溶解度，而且 K^+ 在粗食盐中的含量较少，所以在蒸发结晶的过程中仍留在母液中而与 NaCl 分离。残留在 NaCl 晶体中的盐酸在干燥过程中以氯化氢的形式逸出而被除去。

【仪器与试剂】

1. 仪器　电子天平（或托盘天平），烧杯（250ml），量筒（10ml、100ml），试管，酒精灯（或加热套），石棉网，普通漏斗，蒸发皿（100ml），布氏漏斗，抽滤瓶，真空水泵。

2. 试剂　粗食盐，$BaCl_2$（1mol/L），NaOH（6mol/L），Na_2CO_3（饱和），HCl（6mol/L），广泛 pH 试纸。

【实验内容】

1. 在台秤上称取 2.0g 粗食盐，放在 100ml 烧杯中，加入 10 ~ 15ml 水，搅拌并加热使其溶解。至溶液沸腾时，在搅拌下逐滴加入 1mol/L BaCl$_2$ 溶液至沉淀完全（约 10 滴）。继续加热 5 分钟，使 BaSO$_4$ 的颗粒长大而易于沉淀和过滤（此步沉淀可先不过滤，与后步合并）。

检查 SO$_4^{2-}$ 是否除尽：将烧杯从石棉网上取下，待沉淀沉降后，在上层清液中加 1 滴 1mol/L BaCl$_2$ 溶液，如果出现浑浊，表示 SO$_4^{2-}$ 尚未除尽，需继续加 BaCl$_2$ 溶液以除去剩余的 SO$_4^{2-}$；如果不浑浊，表示 SO$_4^{2-}$ 已除尽。过滤，滤液收集于另一烧杯中，弃去沉淀（注意：检查沉淀完全时，若溶液浑浊，澄清速度慢而影响检查，则可将烧杯溶液过滤 1ml 左右于试管中进行检查）。

2. 在滤液中加入 6mol/L NaOH（约 5 滴）和 0.5ml 饱和 Na$_2$CO$_3$，加热至沸，待沉淀下沉降后，取少量上层清液放在试管中，滴加 Na$_2$CO$_3$ 溶液，检查有无沉淀生成。如不再产生沉淀，用普通漏斗过滤。

检查沉淀是否完全：取上层清液少量过滤于试管中，加几滴饱和 Na$_2$CO$_3$ 溶液，若无沉淀产生，过滤，弃去沉淀。

3. 在滤液中逐滴加入 6mol/L HCl，直至溶液呈微酸性为止（pH 为 4 ~ 5）。

4. 将滤液倒入蒸发皿中，用小火加热蒸发，浓缩至稀粥状的稠液为止，切不可将溶液蒸干。

5. 冷却后，用布氏漏斗过滤，尽量将结晶抽干。将结晶放回蒸发皿中，小火烘（炒）干，直至不冒水蒸气为止。

6. 将精食盐冷至室温，称重，计算产率。

所得氯化钠晶体装入袋中供纯度检验和性质实验用。

【实验提示】

1. 沉淀剂应在 NaCl 溶液沸腾、搅拌下逐滴加入，且用量要过量，滴加结束后还应煮沸几分钟，以利于沉淀与溶液的分离。

2. 除杂时间不宜太长，否则会有 NaCl 晶体析出，应补充少量水。

3. 用盐酸调节酸度至 pH 为 4 ~ 5。

4. 浓缩 NaCl 溶液时小火加热，并不停搅拌，保持溶液微微沸腾，切不可蒸干。

5. 为防止炒干后的 NaCl 结成块状，炒干时应小火加热且不断搅拌。

6. 注意普通过滤与减压抽滤的正确使用与区别。

【思考题】

1. 在除去 Ca^{2+}、Mg^{2+}、SO$_4^{2-}$ 时，为什么要先加入 BaCl$_2$ 溶液，然后再加入 Na$_2$CO$_3$ 溶液？

2. 为什么用毒性较大的 BaCl$_2$ 除 SO$_4^{2-}$，而不用无毒的 CaCl$_2$？

3. 在除 Ca^{2+}、Mg^{2+}、Ba^{2+} 等离子时，能否用其他可溶性碳酸盐代替 Na$_2$CO$_3$？

4. 加盐酸时，为什么要把溶液的 pH 调到 3 ~ 4 而不是调至恰为中性？

5. 怎样除去粗盐中的 K$^+$？

实验 7　卵磷脂的提取与鉴定

【实验目的】

1. 熟悉卵磷脂的提取原理和基本操作。

2. 学习卵磷脂组成成分的鉴定方法。

3. 进一步巩固减压过滤等基本操作。

【实验原理】

卵磷脂依照氨基醇的不同属于磷脂酰胆碱（卵磷脂，PC），卵磷脂是一种重要的生物活性分子，是构成脑和神经组织、细胞膜及其他生物膜的重要成分，对酶的活性起重要作用，也是胆碱的重要供给源。因此，在研究和应用中，正确而高效地提取和鉴定卵磷脂是至关重要。其化学结构如下。

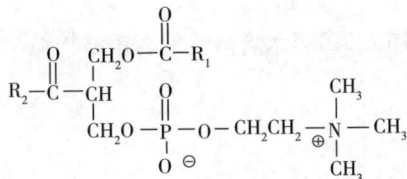

$$\begin{array}{c}
O\\
\parallel\\
CH_2O-C-R_1
\end{array}$$

$$
\begin{array}{c}
O\\
\parallel\\
R_2-C-CH\\
\\
CH_2O-P-O-CH_2CH_2-\overset{\oplus}{N}-CH_3\\
\parallel\quad\quad\quad\quad\quad\quad\quad CH_3\\
O_\ominus\quad\quad\quad\quad\quad\quad\quad CH_3
\end{array}
$$

卵磷脂存在于动物的各种组织细胞中，蛋黄中含量较高，约8%。可根据它溶于乙醇、三氯甲烷而不溶于丙酮的性质，从蛋黄中分离得到。卵磷脂可在碱性溶液中加热水解，得到甘油、脂肪酸、磷酸和胆碱，可从水解液中检查出这些组分。其分离提取的流程如下。

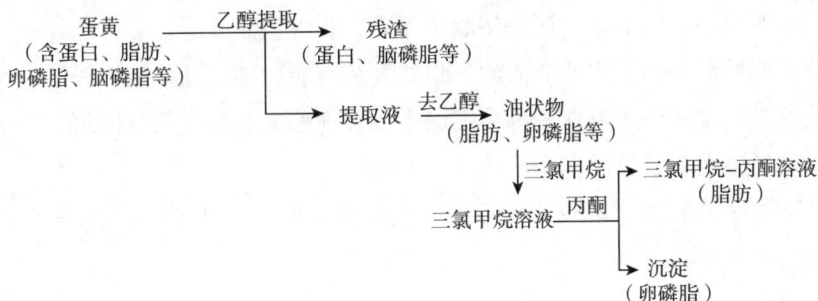

卵磷脂被碱水解后可分解为脂肪酸盐、甘油、胆碱和磷酸盐。甘油与硫酸氢钾共热，可生成具有特殊臭味的丙烯醛；磷酸盐在酸性条件下与钼酸铵作用，生成黄色的磷钼酸沉淀；胆碱在碱的进一步作用下生成无色且具有氨和鱼腥气味的三甲胺。这样通过对分解产物的检验可以对卵磷脂进行鉴定。

【仪器与试剂】

1. 仪器　研钵、布氏漏斗、玻璃棒、试管、棉花等。

2. 试剂　乙醇（95%）、丙酮、氢氧化钠（20%）、硝酸、硫酸、醋酸铅（10%）、硫酸铜（1%）、碘化铋钾溶液、钼酸铵溶液、氨基萘酚磺酸溶液。

【实验内容】

1. 卵磷脂的提取　取熟鸡蛋黄一个，于研钵中研碎。加入15ml 95%乙醇充分研磨，用布氏漏斗减压抽滤。收集滤液，滤渣移入研钵中，再加入15ml 95%乙醇继续研磨，再次抽滤。合并两次滤液，置于蒸发皿中，在水浴上蒸去乙醇，得黄色油状物。冷却，加入3~5ml三氯甲烷，用玻璃棒搅拌至油状物全部溶解。之后，在搅拌状态下加入约15ml丙酮，即有卵磷脂析出。

2. 卵磷脂水解及鉴定

（1）水解　取一支大试管，加入适量卵磷脂提取物，加入约5ml 20%的氢氧化钠溶液，放入沸水浴中加热10分钟，并用玻璃棒不断搅拌，使水解完全，冷却。在玻璃漏斗中用棉花过滤水解物，滤液和固体留下待用。

（2）组成检查

①脂肪酸检查　取一支试管，加入棉花上的固体物少许，加一滴20%氢氧化钠溶液和5ml水，用玻璃棒搅拌使其溶解，在玻璃漏斗中用棉花过滤得澄清溶液，以硝酸酸化后加入10%醋酸铅2滴，观察并

记录溶液的变化。

②甘油的检查 取一支试管加入 1ml 1% 硫酸铜溶液，2 滴 20% 氢氧化钠溶液，振摇，有氢氧化铜沉淀生成，加入 1ml 水解液，观察并记录现象。

③胆碱的检查 取一支试管，加入数滴水解液，滴加硫酸酸化，加入碘化铋钾溶液，观察并记录现象。

④磷酸的检查 取一支试管，加入 10 滴水解液、5 滴钼酸铵溶液、20 滴氨基萘酚磺酸溶液，振摇，水浴加热，观察现象并记录结果。

【注意事项】

1. 若滤液浑浊，需合并滤液后，继续过滤至澄清。

2. 严格控制好三氯甲烷用量，使油状物溶解即可。

3. 搅动时，析出的卵磷脂可附于玻璃棒上，成团状。

4. 加热时，会促使胆碱分解，产生三甲胺的臭味。

5. 过滤时要用棉花过滤，因碱性溶液会使滤纸膨胀，影响过滤效果。

6. 加硝酸酸化，脂肪酸析出，溶液变浑浊，加醋酸铅有脂肪酸铅盐生成，浑浊进一步增强。

7. 水解产生的甘油与生产的氢氧化铜沉淀反应生成甘油酮配合物，沉淀溶解，溶液呈蓝色。

8. 碘化铋钾与含氮碱性化合物反应生产砖红色沉淀。

9. 钼酸铵在硫酸中生成钼酸，钼酸与磷酸结合生成磷钼酸，磷钼酸与氨基萘酚磺酸作用，生成蓝色的钼氧化合物。

【思考题】

1. 蛋黄中分离卵磷根据什么原理？

2. 卵磷脂可以皂化，从结构上分析应做何解释？

实验 8　薄层色谱分离及鉴别有机化合物

【实验目的】

1. 掌握薄层色谱的操作方法。

2. 熟悉薄层色谱的基本原理。

3. 了解薄层色谱在中药分析中的应用。

【实验原理】

薄层色谱（thin layer chromatography，TLC）是最简单的液相色谱分离技术，其固定相以薄层形式分散在通常由玻璃或铝箔制成的平板表面上。TLC 适用范围广，可以用来鉴定药物原料和制剂中的活性成分和污染物，也可以用于中草药的表征和质量评估。

薄层色谱最常用的是以极性硅胶材料为固定相，以有机溶剂为流动相的正相色谱法，使用水性流动相的反相色谱法也越来越多。

薄层色谱的基本原理是当待分离的混合物随流动相（展开剂）通过固定相时，由于各组分的结构、理化性质等存在差异，与两相发生相互作用（吸附、溶解等）的能力不同。与固定相相互作用力越弱的组分，随流动相移动时向前移动速度快。与固定相相互作用力越强的组分，向前移动速度越慢，混合物各组分经固定相进行反复的吸附（或分配）作用，从而达到将各组分分离的目的。

本实验薄层色谱法中用的吸附剂为硅胶 G，展开剂是 9∶1 的无水苯和乙酸乙酯的混合溶剂。最开始苏丹Ⅲ和偶氮苯被吸附在硅胶上，当展开剂通过时，由于苏丹Ⅲ和偶氮苯本身极性和在展开剂中的溶解度不同，两者在硅胶上的移动速度也就不同（一般溶解度大和极性小的移动更快），从而将混合物分开。

薄层色谱中常用比移值 R_f 表示各组分在薄层板上的位置。其定义为：组分移动距离与流动相移动距离之比，即原点至斑点中心的距离 L 与原点至溶剂前沿的距离 L_0 之比。

$$R_f = \frac{原点至半点中心距离(L)}{原点至溶剂前沿的距离(L_0)}$$

【仪器与试剂】

1. 仪器 薄层色谱板（硅胶 G 预制板，50mm × 100mm，厚度 0.20 ~ 0.25mm），点样毛细管（0.3mm × 100mm），展开缸。

2. 试剂 偶氮苯的苯溶液（1%），苏丹Ⅲ的苯溶液（1%），偶氮苯和苏丹Ⅲ的混合溶液（1%），石油醚（30 ~ 60℃，AR），乙酸乙酯（AR）。

3. 其他 长柄镊子

【实验内容】

1. 点样 先用铅笔在距薄层板一端 1 ~ 1.5cm 处轻轻划一横线作为起始线，然后用毛细管分别吸取偶氮苯、苏丹Ⅲ、混合溶液，分别点于同一硅胶 G 薄层板的起始线上，斑点直径一般不超过 2mm，样点间距约 1 ~ 1.5cm（样点间距离视斑点扩散情况以不影响检出为宜）。

2. 展开 以石油醚（30 ~ 60℃）–乙酸乙酯（9∶1）为展开剂，将其置于展开缸一侧，点好样的薄层板置于另一侧，盖好盖板，预饱和 15 ~ 30 分钟。将薄层板置于展开剂中盖好盖板展开。待展开至规定距离，一般为 8 ~ 15cm，取出薄层板，迅速标记溶剂前沿，晾干。

3. 检视 将晾干后的薄层板进行检视，混合溶液的色谱中，在与偶氮苯和苏丹Ⅲ相应位置上，显相同颜色的斑点。测量并计算苏丹Ⅲ和偶氮苯的 R_f 值。

【注意事项】

1. 点样需很轻，不可刺破薄层。

2. 样点直径应不超过 2mm。

3. 样点绝不能浸到展开剂中，薄层板浸入展开剂的深度以距原点 5mm 为宜。

4. 不可使展开剂走到薄层板的尽头。薄层板取出后要及时标记展开剂前沿，否则展开剂挥发后难以确定。

【思考题】

1. 展开剂的高度超过起始线，对薄层色谱有什么影响？

2. 影响吸附薄层色谱 R_f 值的因素有哪些？

3. 产生边缘效应的原因是什么？如何处理？

实验 9　溶胶的制备、净化及性质

【实验目的】

1. 了解用凝聚法制备溶胶的方法及净化的作用。

2. 通过制备的 $Fe(OH)_3$ 溶胶，熟悉溶胶的基本性质。

【实验原理】

固体以胶体分散程度分散在液体介质中即得溶胶。溶胶的制备方法可分为两类：①分散法，把较大的物质颗粒变为胶体大小的质点；②凝聚法，把分子或离子聚合成胶体大小的质点。本实验采取凝聚法制备 $Fe(OH)_3$ 溶胶，原理如下：

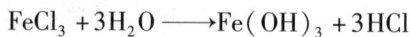

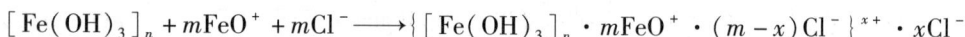

$$FeCl_3 + 3H_2O \longrightarrow Fe(OH)_3 + 3HCl$$

$$Fe(OH)_3 + HCl \longrightarrow FeOCl + 2H_2O$$

$$\downarrow$$

$$FeO^+ + Cl^-$$

$$[Fe(OH)_3]_n + mFeO^+ + mCl^- \longrightarrow \{[Fe(OH)_3]_n \cdot mFeO^+ \cdot (m-x)Cl^-\}^{x+} \cdot xCl^-$$

溶液中少量的铁氧离子和氯离子是作为稳定剂离子，按特性选择吸附规则而被吸附，但更多的离子属杂质，影响溶胶的稳定性，故必须用渗析法除去。

溶胶的性质包括三个方面：光学性质、动力学性质与电学性质。

溶胶属热力学不稳定体系，外加电解质时易发生凝聚，但在大分子溶液的保护下，稳定性会加强。

【仪器与试剂】

1. 仪器　电泳仪一套，电炉（300W），直流稳定电源，具暗视野镜头显微镜，试管架（小试管 5 只以上），锥形瓶，烧杯，试管。

2. 试剂　$FeCl_3$（2%），火棉胶，乙醇-松香溶液（2%），Na_2SO_4 1mol/L，NaCl 2mol/L，白明胶溶液（5%），稀盐酸。

【实验内容】

1. 胶体溶液的制备　在 250ml 烧杯中加入 95ml 蒸馏水，加热至沸，逐滴加入 5ml 2% $FeCl_3$ 溶液，并不断搅拌，加完后继续沸腾几分钟，通过水解反应，得到红棕色的氢氧化铁溶胶。

2. 溶胶的净化　把制得的 $Fe(OH)_3$ 溶胶置于预先处理好的半透膜内，捏紧袋口，置于大烧杯内，先用自来水渗析 10 分钟，再换成蒸馏水渗析 5 分钟。

3. 溶胶的性质

（1）光学性质　取适量渗析后的溶胶放入小试管中，用聚光灯照射，从侧面观察到一束光锥，另取一支小试管，加适量蒸馏水，滴 1 滴乙醇-松香溶液，制得松香溶胶，在光路上进行比较，观察乳光强度大小，此为丁达尔现象，可区别溶胶与溶液，也可取蒸馏水作对比。

（2）动力学性质　将制得的乙醇-松香溶胶蘸一点在载玻片上，加一盖玻片，放在暗视野显微镜下，调节聚光器，观察胶体粒子的无规则运动（布朗运动）。

（3）电学性质　在洁净的电泳管中，加少量稀盐酸调至活塞内无空气，将其夹到斐氏夹上，从小漏斗中加入氢氧化铁溶胶，小心开启活塞，让溶胶缓慢上涌（不可太快，否则冲坏界面易），待界面升到所需刻度，关上活塞，插上铂电极，画上划线，通直流电，观察两极的现象，并通过界面移动情况判断溶胶所带电荷。

4. 溶胶的凝聚与大分子溶液的保护作用

（1）凝聚　在两支小试管中各注入约 2ml 溶胶，分别滴加 NaCl 与 Na_2SO_4 溶液，观察比较产生凝聚现象时，电解质溶液的用量各是多少。

（2）大分子溶液的保护作用　取三支小试管，各加入 1ml 溶胶，分别加入 0.01ml、0.1ml 及 1.0ml 0.5% 白明胶液，然后加蒸馏水使三管总量相等。各再加 1ml 2mol/L NaCl 溶液，观察哪一管发生凝聚，如在最前的两支试管内有凝聚现象时，则表示保护作用发生在 0.1~1.0ml，为了更准确地测定，应当再用 0.2ml、0.5ml 及 0.7ml 白明胶进行试验，以此类推，较准确地确定保护作用发生的条件。

【思考题】

1. 制得的溶胶为什么要净化？加速渗析可以采取什么措施？

2. 电泳时两电极分别发生什么反应？试用电极反应方程式表示之。

实验 10 苯甲酸的重结晶

【实验目的】

1. 掌握固体有机物质的溶解方法。

2. 熟悉热过滤及减压过滤等基本操作。

3. 通过苯甲酸重结晶实验，理解固体有机物重结晶提纯的原理及意义。

【实验原理】

重结晶是提纯固体有机物最常用的方法之一，其原理是利用混合物中各组分在溶剂中的溶解度不同，或在同一溶剂中不同温度时的溶解度不同而使各组分分离。绝大多数固体化合物在溶剂中的溶解度随温度升高而增大，随温度降低而减小。将固体在热溶剂中溶解得到饱和溶液，冷却时会因过饱和而析出晶体。杂质大部分留在溶液中（若杂质溶解度过小，则在配成的过饱和溶液中过滤除去），可达到纯化目的。

重结晶可提纯的适用范围：产品与杂质性质差别较大；产品中杂质含量小于 5% 的体系。

重结晶提纯法的一般过程为：

选择溶剂→溶剂→固体除去杂质→晶体析出→晶体的收集与洗涤→晶体干燥

【仪器与试剂】

1. 仪器 锥形瓶（250ml）、抽滤瓶、布氏漏斗、酒精灯（或电加热套）、保温漏斗、短颈漏斗、烧杯、表面皿、量筒、玻棒、滤纸等。

2. 试剂 粗苯甲酸样品、活性炭、蒸馏水。

【实验内容】

称取 2.0g 粗苯甲酸，置入 250ml 锥形中，加入约 100ml 蒸馏水和几粒沸石，用电加热套（或酒精灯）加热至微沸，并用玻璃棒不断搅动，观察固体溶解情况，如溶解不完全，可补加少量水，直至溶解完全为止（不溶性杂质除外）。如有颜色，可待溶液稍冷后，加入适量活性炭，边搅拌边加热煮沸 5~10 分钟。

利用预先加热的保温漏斗进行保温过滤。如一次未能倒完溶液，需注意加热保温。过滤完后，用少量热水洗涤锥形瓶和残渣，一并倒入漏斗过滤。

静置滤液，使其自然冷却，析出晶体。为使晶体完全结晶，可在滤液冷却至室温后置于冰水浴中进一步冷却。

用布氏漏斗抽滤，回收晶体。滤纸上晶体用少量蒸馏水洗涤，抽滤吸干，并如此重复两次。

将结晶用玻棒摊放于表面皿上，室温放置自然晾干。称重，计算回收率。

【注意事项】

1. 使用易燃、有毒溶剂做重结晶溶剂时，应注意装上回流冷凝管并避免使用明火加热。

2. 溶解粗样品时，加入的溶剂量要适量，一般多加饱和溶液需要量的 15%~20% 即可。在实际工作中，主要根据实验来确定。

3. 加活性炭的目的是吸附有色杂质。活性炭用量根据溶液颜色深浅一般添加粗品量的 1% ~ 5% 即可，且在溶液稍冷后加入。切记活性炭绝对不可以加到正在沸腾的溶液中，否则将引起暴沸！

4. 保温漏斗和短颈漏斗均需在热水浴中提前预热，即取即用。

5. 用抽滤法将结晶和溶液分离，瓶中残留的结晶可用少量母液冲洗数次并转移至布氏漏斗中，把母液抽尽，如此可减少晶体在溶剂中的溶解。

【思考题】

1. 重结晶操作包括哪几个步骤？每一步骤的目的各是什么？

2. 加热溶解待重结晶的粗产物时，为什么加入溶剂的量要比理论计算量略少？

3. 用活性炭脱色为什么要待固体物质完全溶解后才加入？为什么不能在沸腾溶液中加入活性炭？

4. 将溶液进行热过滤时，如何减少晶体的过早析出？

5. 在布氏漏斗上用溶剂洗涤滤饼时应注意什么？

实验 11　普通蒸馏

【实验目的】

1. 掌握普通蒸馏的基本操作。

2. 了解普通蒸馏的原理及在纯化、回收有机溶剂中的应用。

【实验原理】

液态物质由于分子热运动，表面动能足够大的分子可逸出液面形成气相分子，产生一定蒸气压。随着温度升高，蒸气压增大，当液体蒸气压和外界大气压相等时，液体沸腾，此时的温度即为该液体的沸点（boiling point，缩写为 b. p）。每一种纯液态化合物在一定压力下均具有固定的沸点。

蒸馏即是将液体物质加热到沸腾变为蒸汽，又将蒸汽冷凝为液体，这两个过程的联合操作。

蒸馏操作是有机化学实验中重要的基本操作之一，一般用于以下情况。

（1）分离沸点相差较大（ >30℃ ）的液体混合物及提纯，除去不挥发性的杂质。

（2）测定液体化合物的沸点，初步定性鉴别物质。

（3）回收溶剂或蒸出部分溶剂以浓缩溶液。

【仪器与试剂】

1. **仪器**　圆底烧瓶、蒸馏头、直形冷凝管、尾接管、锥形瓶、温度计、电加热套、量筒。

2. **试剂**　含杂质工业乙醇。

【实验内容】

1. **蒸馏装置安装**　按图 2 - 31 所示安装普通蒸馏装置。

2. **蒸馏操作**

（1）加料　用长颈漏斗将待蒸馏的工业乙醇 30ml 加入圆底烧瓶（注意不要使液体从蒸馏头支管流出），再加入 3 ~ 4 粒沸石。调节温度计使其水银球的上端与蒸馏头支管底边处于水平线上。蒸馏时，温度计水银球部分必须被蒸气完全包围才能正确测定蒸馏液的沸点。

（2）加热　先打开冷凝水，再加热。冷凝水自下而上，蒸气自上而下，二者逆流冷却效果好。当液体沸腾，蒸气达到水银球部位时，温度计读数急剧上升，调节热源温度，让水银球上液滴和蒸气温度达到平衡，使蒸馏速度以 1 ~ 2 滴/秒为宜。此时温度计读数就是馏出液的沸点。

蒸馏时若热源温度太高，使蒸汽成为热蒸汽，造成温度计显示的沸点与液体实际沸点相比偏高；若热源温度太低，馏出物蒸汽不能充分浸润温度计水银球，造成温度计测的沸点偏低或不规则。

（3）收集馏出液　准备两个接收瓶，一个接收前馏分或称馏头；另一个接收所要馏分，并记下该馏分的沸程。在所需馏分蒸出后，温度计读数会突然下降，此时应停止蒸馏。蒸馏瓶不能蒸干，以免发生意外或瓶底破裂。

蒸馏完毕，应先移除热源，待冷却后再拆除仪器。

本实验要求收集的馏分温度范围为76～78℃，根据收集馏分的体积，计算回收率。

【注意事项】

1. 蒸馏烧瓶大小应根据待蒸馏液体积选择，一般被蒸馏液体的体积为蒸馏烧瓶容积的1/3～2/3。

2. 蒸馏易挥发和易燃的液体，如乙醚，不能用明火，应用热浴。

3. 沸石为多孔性物质，它可以将液体内部的气体导入液体表面，形成汽化中心，防止液体在沸腾时暴沸。使用过的沸石，其上的小孔已被液体充满，不能再起汽化中心的作用，所以加热中断，再加热时应重新加入新沸石，且不能在沸腾或接近沸腾的溶液中加入沸石。

4. 冷凝管中回流水方向应是"下进水，上出水"。

5. 蒸馏瓶内即使杂质含量极少，也不能蒸干。否则，可能会发生意外事故！

【思考题】

1. 在蒸馏装置中，把温度计水银球插至液面上或在蒸馏头支管口上缘，是否正确？为什么？

2. 当加热后有馏出液滴出后，才发现冷凝管未通水，请问能否立即通水？如果不行，应该怎么办？

3. 蒸馏时最好控制馏出液速度为1～2滴/秒，为什么？如果加热过猛，对测定的沸点有何影响？

实验 12　萃取及低沸点物质的蒸馏

【实验目的】

1. 掌握分液漏斗的使用及影响萃取效率的因素；乙醚蒸馏操作。

2. 学习萃取的原理与方法。

【实验原理】

萃取是利用物质在两种互不相溶（或微溶）溶剂中溶解度或分配比的不同来达到分离提纯或纯化的一种操作。

若将有机化合物 Y 溶解于溶剂 A 中，形成溶液 L，如要从溶液 L 中萃取有机化合物 Y，应选择一种对 Y 溶解性更好的溶剂 B，并且溶剂 B 与溶剂 A 互不相溶，也不发生化学反应。根据分配定律，有机化合物 Y 在溶液 A 和 B 两相间的浓度满足以下关系：

$$\frac{Y\ 在溶剂\ A\ 中的浓度}{Y\ 在溶剂\ B\ 中的浓度} = K（分配系数）$$

若被萃取溶液的体积为 V，被萃取溶液中溶质的总质量为 W_0，每次萃取所用溶剂 B 的体积均为 S，经过 n 次萃取后溶质在溶剂 A 中的剩余量为 W_n，则：

$$W_n = W_0 \left(\frac{KV}{KV + S} \right)^n$$

因为 $\frac{KV}{KV + S}$ 恒小于 1，所以 n 越大，W 越小。一般 $n = 3 \sim 5$，即萃取 3～5 次，即可看作萃取完成。

基于此，萃取经常被用在分离和提纯固态或液态的有机化合物，从液体中萃取常用分液漏斗进行。

【仪器与试剂】

1. 仪器　分液漏斗、具塞锥形瓶、25ml 量筒、1ml 吸量管、普通蒸馏装置及结晶皿等。

2. 试剂　冰醋酸与水的混合溶液（冰醋酸：水 = 1：19）、乙醚。

表 3－5 物理常数

样品	b. p/℃	M（g/ml）	d	m. p/℃	S
CH_3COOH	117.9	60	1.049	16.6	∞
$(CH_3CH_2O)_2O$	34.5	74	0.7137	－116.62	微

【实验内容】

1. 实验装置 乙醚的蒸馏装置见图 3－1。

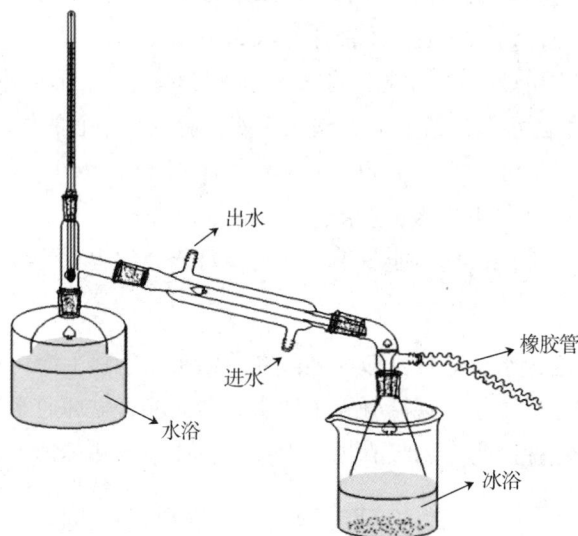

图 3－1 乙醚蒸馏装置

2. 水溶液中冰醋酸的萃取 准确量取 1ml 冰醋酸与 19ml 水的混合液于分液漏斗中，用 10ml 乙醚萃取。用右手食指将漏斗上端玻塞顶住，用大拇指及示指、中指握住漏斗，转动左手的示指和中指蜷握在活塞柄上，使振荡过程中玻塞和活塞均夹紧，上下轻轻振荡分液漏斗，每隔几秒钟放气。将分液漏斗置于铁圈，当溶液分成两层后，小心旋开活塞，放出下层水溶液于 50ml 三角烧瓶内。将水溶液再用 10ml 乙醚萃取，分出乙醚溶液。将第二次剩余水溶液再用 10ml 乙醚萃取，如此三次。合并乙醚层于干燥的具塞锥形瓶中，加入 2g 无水硫酸镁，摇匀，塞好瓶塞放置 20 分钟。

3. 乙醚的蒸馏 按图 3－1 安装乙醚蒸馏装置，将干燥好的乙醚溶液转移到干燥的圆底烧瓶中，注意倾倒时不要将干燥剂倒入烧瓶。加入 2～3 粒沸石，用 80℃的水浴加热蒸馏，直至无乙醚馏出，回收乙醚。烧瓶中的残留液体称重后回收。并计算冰醋酸回收率。

【注意事项】

1. 使用分液漏斗前要检查玻塞和活塞是否紧密，漏斗向上倾斜，向无人处放气。

2. 使用前要先打开玻塞再开启活塞。

3. 分液要彻底，上层物从上口放出，下层物从下口放出。

4. 使用乙醚时，近旁不能有火。

【思考题】

1. 萃取的意义是什么？

2. 分液漏斗的主要用途有什么？常见的分液漏斗有哪几类？

3. 取用乙醚时应该注意什么事项？

4. 影响萃取效率的因素有哪些？

实验 13　甲基橙和亚甲基蓝的柱色谱分离

【实验目的】

1. 初步掌握柱色谱的操作技术。

2. 进一步熟悉吸附色谱法的基本原理和应用。

【实验原理】

柱色谱法是将固定相装于管径较大的柱管内构成色谱柱，加入待分离的样品，用流动相洗脱，样品在柱管内沿垂直方向向下移动，根据样品各组分与固定相及流动相作用的不同实现分离，通常极性强的组分其吸附系数大，易被吸附剂牢固吸附，在固定相中滞留时间长，随流动相移动的速度较慢，在柱色谱中晚流出，具有较大的保留值。

甲基橙和亚甲基蓝的结构不同，极性不同，以硅胶为固定相，通过改变洗脱剂，使极性大、吸附能力弱、解析速度快的甲基橙首先被洗脱下来；而解析速度慢的亚甲基蓝后被洗脱下来，从而使两种物质得以分离。目前，经典柱色谱法由于色谱柱填充的固定相的量远远大于薄层板，因而柱色谱可用于分离量比较大（克级）的物质。一般以制备或半制备为目的，主要用于分离纯化，如中药活性成分的分离纯化、不同分子量的蛋白质或多肽的分离等。

【仪器与试剂】

1. 仪器　色谱柱（长 20cm，内径 2cm），玻璃棒，锥形瓶。

2. 试剂　95% 乙醇，HCl（0.2mol/L），硅胶（柱层析，100~140 目），甲基橙和亚甲基蓝混合液（含甲基橙和亚甲基蓝各为 0.400g/L）。

【实验内容】

1. 配制洗脱剂　按照 H_2O 和 95% 乙醇 1：1 的比例配制洗脱剂 A 液，按照 0.2mol/L HCl 溶液和 95% 乙醇 1：1 的比例配制洗脱剂 B 液。

2. 装柱　装柱时先将洁净的色谱柱垂直固定于支架上，向柱中倒入蒸馏水，至柱体积的 1/3~1/2，打开下端活塞，控制滴速为 1~2 滴/秒。称取 5g 硅胶于小烧杯中，加入 25ml 蒸馏水，用玻璃棒搅拌成糊状，慢慢加入色谱柱中，并用洗耳球轻轻敲打柱下部，使硅胶沉降均匀、紧密。当液体快下降至硅胶表面时，及时关闭活塞。

3. 上样　沿色谱柱内壁加入 5ml 左右的 A 液，打开活塞，当液体快下降至硅胶表面时，关闭活塞。用吸量管准确加入 0.50ml 甲基橙和亚甲基蓝混合溶液，待混合溶液完全转移至色谱柱内，打开活塞，使液体缓缓流出，至样品溶液液面与吸附剂表面相齐。

4. 洗脱　沿色谱柱内壁，连续不断地加入洗脱剂 A 液进行洗脱，调节一定的流速，洗脱时应始终保持一定高度的液面。黄色的甲基橙色带随洗脱液的加入不断下移，当黄色带到达柱底部时，更换接收器，收集全部黄色带。

改用 B 液做洗脱剂，当亚甲基蓝色带到达色谱柱底部时，更换接收器，全部收集此蓝色带。

【注意事项】

1. 吸附剂装填应紧密、均匀，排除气泡。上端平整，无凹凸面，无断层。

2. 装柱操作时应一直保持滴速为 1~2 滴/秒，随着溶剂的流出，吸附剂渐渐下沉，继续保持溶剂的流动，至吸附剂高度不变，沉降完成为止。注意硅胶始终不能露出液面。

3. 上样时，要慢慢加入至柱顶，勿使样品搅动吸附剂表面。

4. 分离结束后，先让溶剂尽量流干，然后倒置，用吸耳球从活塞向管内挤压空气，将吸附剂从柱顶挤压出来。使用过的吸附剂倒入指定回收桶内。

【思考题】

1. 为什么极性大的试剂要用极性大的溶剂洗脱？

2. 柱色谱的操作主要有哪些？在各个操作中应注意哪些事项？

【物质的一般性质实验】

实验14　电解质溶液

【实验目的】

1. 掌握难溶盐电解质的沉淀溶解平衡及溶度积原理的应用。

2. 熟悉离心分离和pH试纸的使用等基本操作。

3. 了解强弱电解质电离的差别及同离子效应；盐类的水解反应及抑制水解的方法。

【实验原理】

1. 弱电解质的电离平衡及同离子效应　对于弱酸或弱碱AB，在水溶液中存在下列平衡：$AB \Longrightarrow A^+ + B^-$，在此平衡体系中，如加入含有相同离子的强电解质，则平衡向生成AB分子的方向移动，使弱电解质的电离度降低，这种效应叫做同离子效应。

2. 盐类的水解　盐类的水解反应指强酸弱碱盐和强碱弱酸盐溶于水时，电离产生的阴离子或阳离子可分别与水电离出来的H^+或OH^-生成弱电解质弱（酸或弱碱）使得溶液显酸性或碱性。如：强酸弱碱盐（酸性）、弱酸强碱盐（碱性）等。通常加热能促进水解，浓度、酸度、稀释等也会影响水解。

3. 沉淀平衡、溶度积规则

（1）溶度积　在难溶电解质的饱和溶液中，未溶解的固体及溶解的离子间存在着多相平衡，即沉淀平衡。$K_{sp}^{\ominus}$表示在难溶电解质的饱和溶液中，难溶电解质的离子浓度（以其化学计量数为幂指数）的乘积，叫做溶度积常数，简称溶度积。

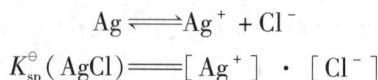

$$Ag \Longrightarrow Ag^+ + Cl^-$$

$$K_{sp}^{\ominus}(AgCl) \Longrightarrow [Ag^+] \cdot [Cl^-]$$

根据溶度积规则，可以判断沉淀的生成和溶解：$Q = K_{sp}^{\ominus}(AgCl)$，饱和状态，达到沉淀溶解平衡；$Q > K_{sp}^{\ominus}(AgCl)$，溶液过饱和或有沉淀生成；$Q < K_{sp}^{\ominus}(AgCl)$，未饱和或原沉淀溶解。

（2）分步沉淀　有两种或两种以上的离子都能与加入的某种试剂（沉淀剂）反应生成难溶电解质时，沉淀的先后顺序决定于所需沉淀剂离子浓度的大小，需要沉淀剂离子浓度较小的先沉淀，需要沉淀剂离子浓度较大的后沉淀，这种现象叫做分步沉淀。

（3）沉淀的转化　把一种难溶电解质转化为另一种难溶电解质，即把一种沉淀转化为另一种沉淀的过程叫沉淀的转化。一般来说，溶度积较大的难溶电解质容易转化为溶度积较小的难溶电解质。

【仪器与试剂】

1. 仪器　试管、试管架、试管夹、离心试管、小烧杯、量筒、点滴板、玻璃棒、酒精灯、离心机。

2. 试剂　酸：HAc（0.1mol/L，1mol/L，2mol/L），HCl（0.1mol/L，2mol/L，6mol/L）。

碱：$NH_3 \cdot H_2O$（2mol/L），NaOH（0.1mol/L）。

盐：$AgNO_3$（0.1mol/L），$Al_2(SO_4)_3$（0.1mol/L，2mol/L），K_2CrO_4（0.1mol/L），KI（0.1mol/L，0.001mol/L），$MgCl_2$（0.1mol/L），NaAc（1mol/L，0.5mol/L，固体），NaCl（0.1mol/L，1mol/L），Na_2CO_3（0.1mol/L，1mol/L），$Pb(NO_3)_2$（0.1mol/L，0.001mol/L），NH_4Cl（饱和，固体），Na_3PO_4

（0.1mol/L），Na_2HPO_4（0.1mol/L），NaH_2PO_4（0.1mol/L），Na_2S（0.1mol/L）。

3. 其他　锌粒，甲基橙（0.1%），酚酞（0.1%），pH 试纸。

【实验内容】

1. 强弱电解质的比较

（1）在两支试管里分别加入少量的 0.1mol/L HCl 和 0.1mol/L HAc，用 pH 试纸测定两溶液的 pH 值，并与计算值相比较。

（2）在两支试管里分别加入 0.5ml 的 0.1mol/L HCl 和 0.1mol/L HAc，再分别加入一小粒锌粒，并用酒精灯加热试管，观察哪支试管中产生氢气的反应比较剧烈。

由实验结果比较 HCl 和 HAc 的酸性有何不同？为什么？

2. 同离子效应

（1）取两支试管，各加入 1ml 蒸馏水，2 滴 2mol/L 的 $NH_3 \cdot H_2O$，再滴入 1 滴酚酞溶液，混合均匀，观察溶液显什么颜色，并与另一支试管中的溶液比较。

根据以上实验指出同离子效应对电离度的影响。

（2）取两支小试管，各加入 5 滴 0.1mol/L 的 $MgCl_2$，其中一支试管中再加入 5 滴饱和 NH_4Cl，然后分别在两支试管中加入 5 滴 2mol/L 的 $NH_3 \cdot H_2O$，观察两支试管中发生的现象有何不同？写出有关反应式并说明原因。

3. 盐类的水解和影响盐类水解的因素

（1）盐的水解与溶液的酸碱性

①在三支试管中分别加入少量 1mol/L Na_2CO_3、$Al_2（SO_4）_3$ 及 NaCl 溶液，用 pH 试纸测定它们的酸碱性。写出水解的离子反应方程式，并解释之。

②在三支试管中分别加入少量 0.1mol/L Na_3PO_4、Na_2HPO_4、NaH_2PO_4 溶液，用 pH 试纸测定他们的酸碱性。酸式盐是否都呈酸性，为什么？

（2）影响盐类水解的因素

①在两支试管中分别加入 1ml 0.5mol/L NaAc 溶液，并各加入 3 滴酚酞溶液，将其中一支试管用酒精灯加热，观察颜色变化。冷却后颜色有何变化？为什么？

②取两支试管，分别加入 3ml 0.1mol/L Na_2CO_3 及 2ml 0.1mol/L $Al_2（SO_4）_3$ 溶液，先用试纸测定 pH 值，然后混合。观察有何现象？写出反应方程式。

4. 溶度积原理的应用

（1）沉淀的生成

①在一支试管中加入 1ml 0.1mol/L $Pb（NO_3）_2$，再逐滴加入 1ml 0.1mol/L KI，观察沉淀的生成和颜色。②在另一支试管中加入 1ml 0.001mol/L $Pb（NO_3）_2$，再逐滴加入 1ml 0.001mol/L KI，观察有无沉淀生成？

试以溶度积原理解释以上现象。

（2）分步沉淀　在离心试管中加入 3 滴 0.1mol/L NaCl 和 1 滴 0.1mol/L 铬酸钾溶液，稀释至 1ml，摇匀后逐滴加入数滴（1~5 滴）0.1mol/L $AgNO_3$。当加入 $AgNO_3$ 后，振摇使砖红色沉淀转化为白色沉淀较慢时，离心沉淀，观察生成沉淀的颜色（注意沉淀和溶液颜色的差别）。再往清液中滴加数滴 0.1mol/L $AgNO_3$ 溶液，会出现什么颜色的沉淀？试根据沉淀颜色的变化（并通过有关溶度积的计算），判断哪一种难溶电解质先沉淀。

（3）沉淀的溶解　在试管中加入 2ml 0.1mol/L $MgCl_2$ 溶液，并滴入数滴 2mol/L 的 $NH_3 \cdot H_2O$ 溶液，观察沉淀的生成。再向此溶液中加入少量 NH_4Cl 固体，摇荡，观察原有沉淀是否溶解，用离子平衡移动的观点解释上述现象。

（4）沉淀的转化　取 0.1mol/L AgNO$_3$ 溶液 5 滴于试管中，加入 0.1mol/L NaCl 溶液 10 滴，有何种颜色的沉淀生成？离心分离，弃去上层清液，沉淀中滴加 0.1mol/L Na$_2$S 溶液，有何现象？为什么？

【注意事项】

1. 加热试管中的液体时，液体量不超过试管体积的 1/3，试管夹应夹在距离管口 1~2cm 处，倾斜试管，从上部开始加热，逐步过渡到试管下部，并晃动试管，避免局部过热。加热时，试管口不能朝向人。

2. 用 pH 试纸测定时，将试纸剪成小片，放在干净的点滴板上，用洗净的玻璃棒蘸取待测溶液，滴在试纸上，观察期颜色的变化，不可将试纸投入到试液中测试。

3. 取用液体试剂时，严禁将滴瓶中的滴管伸入试管中，用完后必须将滴管放回原试剂瓶中，滴管不能混用。

【思考题】

1. 同离子效应对弱电解质的电离度和难溶电解质的溶解度各有什么影响？

2. 使用离心机应注意什么？

3. 沉淀的溶解和转化的条件是什么？

实验 15　氧化还原反应与电极电势

【实验目的】

1. 通过实验掌握电极电势与氧化还原反应的关系。

2. 定性观察浓度、酸度、温度、催化剂对氧化还原反应的方向、产物、速度的影响。

3. 通过实验掌握原电池的原理。

【实验原理】

参加反应的物质间有电子转移或偏移的化学反应称为氧化还原反应。物质的还原能力的大小，可以根据相应电对电极电势的大小来判断。电极电势愈大，电对中的氧化型的氧化能力愈强。电极电势愈小，电对中的还原型的还原能力愈强。根据电极电势大小可以判断氧化还原反应的方向。

$$E(氧化剂) - E(还原剂) > 0 \text{ 时，反应正向自发进行}$$

$$E(氧化剂) - E(还原剂) = 0 \text{ 时，反应处于平衡状态}$$

$$E(氧化剂) - E(还原剂) < 0 \text{ 时，反应逆向自发反应}$$

原电池是通过氧化还原反应将化学能转化为电能的装置，负极发生氧化反应，失去电子，正极发生还原反应，得到电子。电子通过导线由负极流向正极。本实验只是为了定性进行比较，所以采用伏特计。

浓度及酸度对电极电势的影响，可能导致氧化还原反应方向的改变，也可以影响氧化还原反应的产物。

【仪器与试剂】

1. 仪器　烧杯，试管，U 形管，伏特计，表面皿，琼脂，电极（锌片，铜片，铁片，碳棒），水浴锅，导线，鳄鱼夹，砂纸，红色石蕊试纸，锌粒。

2. 试剂　酸：HNO$_3$（1mol/L），HAc（3mol/L），HCl（2mol/L），H$_2$SO$_4$（1mol/L，3mol/L），H$_2$C$_2$O$_4$（0.1mol/L）。

碱：NaOH（6mol/L、40%），NH$_3$·H$_2$O（浓）。

盐：$CuSO_4$（1mol/L），$ZnSO_4$（1mol/L），KI（0.1mol/L），$AgNO_3$（0.1mol/L），KBr（0.1mol/L），$FeCl_3$（0.1mol/L），$Fe_2(SO_4)_3$（0.1mol/L），$FeSO_4$（0.1mol/L、1mol/L），$K_2Cr_2O_7$（0.4mol/L），$KMnO_4$（0.001mol/L），Na_2SO_3（0.1mol/L），Na_3AsO_3（0.1mol/L），$MnSO_4$（0.1mol/L），I_2 水（0.01mol/L），NH_4SCN（0.1mol/L），Br_2 水（0.01mol/L），CCl_4，$NH_4F(s)$，$(NH_4)_2S_2O_8(s)$，饱和 KCl。

【实验内容】

（一）氧化还原反应与电极电势的关系

1. 试管中加入 0.5ml 0.1mol/L KI 溶液，再滴加 2 滴 0.1mol/L $FeCl_3$ 溶液，混合均匀。随后，向其中加入 0.5ml CCl_4，并进行充分振荡。振荡后观察 CCl_4 层的颜色变化。

2. 用 0.1mol/L KBr 溶液代替 KI 重复上述操作，观察 CCl_4 层颜色变化，并解释其原因。

3. 取两支试管加入 0.1mol/L $FeSO_4$ 溶液，然后分别用 Br_2 水和 I_2 水同 $FeSO_4$ 溶液反应，有何现象？再加入 1 滴 0.1mol/L NH_4SCN 溶液，又有何现象？

根据以上实验，定性比较 Br_2/Br^-、I_2/I^-、Fe^{3+}/Fe^{2+} 三个电对的电极电势相对大小，判断指出哪个是最强的氧化剂，哪个是最强的还原剂，并说明电极电势和氧化还原反应的关系。

（二）浓度和酸度对氧化还原反应产物的影响

1. 浓度对氧化还原反应产物的影响 取两个试管，各盛一粒锌粒，分别注入 2ml 浓 HNO_3 和 1mol/L HNO_3，观察所发生现象。写出有关反应式。浓 HNO_3 被还原后主要产物可通过观察生成气体的颜色来判断。稀 HNO_3 的还原产物可用检验溶液中是否有 NH_4^+ 离子生成的办法来确定。

气室法检验 NH_4^+ 离子：将 5 滴被检溶液滴入一个表面皿中，再加 3 滴 40% NaOH 溶液混匀。在另一块较小的表面皿中黏附一小块湿润的红色石蕊试纸，把它盖在大的表面皿上做成气室。将此气室放在水浴上微热两分钟，若石蕊试纸变成蓝色，则表示有 NH_4^+ 存在。

2. 酸度对氧化还原反应产物的影响 向三支试管中各加入几滴 0.001mol/L $KMnO_4$ 溶液，再分别加入 1mol/L H_2SO_4，蒸馏水，6mol/L NaOH 溶液各 0.5ml，摇匀后，各加入 0.5ml 0.1mol/L Na_2SO_3 溶液，观察反应现象，写出有关反应方程式。

（三）浓度和酸度对电极电势的影响

1. 浓度对电极电势的影响

（1）取两个 50ml 毫升的烧杯，向每个烧杯中注入 30ml 浓度为 1mol/L 的 $ZnSO_4$ 和 $CuSO_4$ 溶液。在含有 $ZnSO_4$ 的烧杯里放入一块 Zn 金属片，在另一个装有 $CuSO_4$ 的烧杯中放入一块 Cu 金属片。使用导线将两块金属片分别连接到电位差计的正负两端，并通过盐桥确保两个烧杯中的溶液能够导电且保持电中性，随后开始测量 Zn 和 Cu 两电极之间的电压（图 3-2）。

（2）取出盐桥，在 $CuSO_4$ 溶液中滴加浓 $NH_3 \cdot H_2O$ 并不断搅拌，至生成的沉淀溶解而形成深蓝色溶液，放入盐桥，观察伏特计有何变化。利用能斯特方程解释实验现象。

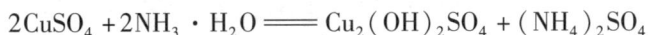

$$2CuSO_4 + 2NH_3 \cdot H_2O = Cu_2(OH)_2SO_4 + (NH_4)_2SO_4$$

$$Cu_2(OH)_2SO_4 + 8NH_3 = 2[Cu(NH_3)_4]^{2+} + SO_4^{2-} + 2OH^-$$

图 3-2 Cu-Zn 原电池装置

（3）再取出盐桥，在 $ZnSO_4$ 溶液中加浓 $NH_3 \cdot H_2O$ 并不断搅拌，至生成的沉淀完全溶解后放入盐桥，观察伏特计有何变化。利用能斯特方程解释实验现象。

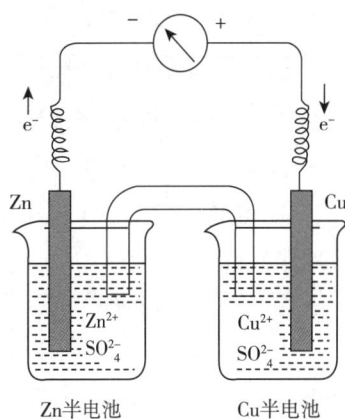

$$ZnSO_4 + 2NH_3 \cdot H_2O == Zn(OH)_2 + (NH_4)_2SO_4$$

$$Zn(OH)_2 + 4NH_3 == [Zn(NH_3)_4]^{2+} + 2OH^-$$

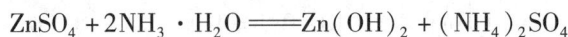

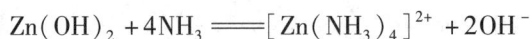

2. 酸度对电极电势的影响

（1）取两只 50ml 烧杯，在一只烧杯中注入 30ml 1mol/L $FeSO_4$ 溶液，插入 Fe 片，另一只烧杯中 30ml 0.4mol/L $K_2Cr_2O_7$ 溶液，插入炭棒。将 Fe 片和炭棒通过导线分别注入与伏特计负极、正极相连，两烧杯溶液用另一个盐桥连通，测定两电极间的电压。

（2）向盛有 $K_2Cr_2O_7$ 溶液中，慢慢加入 1mol/L H_2SO_4 溶液，观察电压有何变化？再向 $K_2Cr_2O_7$ 溶液中逐滴加入 6mol/L NaOH 溶液，观察电压又有什么变化？

（四）浓度和酸度对氧化还原反应方向的影响

1. 浓度的影响

（1）在一支试管中加入 1ml H_2O、1ml CCl_4 和 1ml 0.1mol/L $Fe_2(SO_4)_3$ 溶液，摇匀后，再加入 1ml 0.1mol/L KI 溶液，振荡后观察 CCl_4 层的颜色。

（2）另取一支试管加入 1ml CCl_4，1ml 0.1mol/L $FeSO_4$，1ml 0.1mol/L $Fe_2(SO_4)_3$ 溶液，摇匀后，再加入 1ml 0.1mol/L KI 溶液，振荡后观察 CCl_4 层的颜色与上一实验中 CCl_4 层颜色有何区别？

（3）在（1）、（2）试管中，加入 $NH_4F(s)$ 少许，振荡后，观察 CCl_4 层颜色变化。

2. 酸度的影响 在试管中加入 0.1mol/L Na_3AsO_3 溶液 5 滴，再加入 I_2 水 5 滴，观察溶液颜色。然后用 2mol/L HCl 酸化，又有何变化？再加入 40% NaOH 又有何变化？写出反应方程式，并解释之。

（五）酸度、温度和催化剂对氧化还原反应速度的影响

1. 酸度对氧化还原反应速度的影响 在两支各盛 1ml 0.1mol/L KBr 溶液的试管中，分别加入 0.5ml 3mol/L H_2SO_4 溶液和 3mol/L 醋酸溶液，再各加入 2 滴 0.001mol/L 的 $KMnO_4$ 溶液。观察并比较两支试管中颜色变化。写出反应式并解释之。

2. 温度对氧化还原反应速度的影响 在两支各盛 1ml 0.1mol/L $H_2C_2O_4$ 溶液的试管中，均加入 5 滴 1mol/L H_2SO_4 和 1 滴 0.001mol/L 的 $KMnO_4$ 溶液，摇匀，将其中一支试管放入 80℃ 水浴中加热反应，另一支室温反应，观察两支试管颜色的变化。写出反应式并解释之。

3. 催化剂对氧化还原反应速度的影响 在两支试管中分别加入 2 滴 0.1mol/L $MnSO_4$ 溶液、1ml 1mol/L 的 H_2SO_4 溶液和少许 $(NH_4)_2S_2O_8$ 固体，振摇使其溶解。然后向一支试管中加入 2～3 滴 0.1mol/L $AgNO_3$ 溶液，另一支不加，微热。比较两支试管反应现象有何不同？为什么？

【注意事项】

1. 滴瓶使用时，不能倒持滴管，也不能将滴管插入试管中，而要悬空从试管上方按实验用量滴入，用毕立即插回原试液滴瓶中。

2. 电极 Cu 片、Zn 片及导线头，鳄鱼夹等都必须用砂纸打干净，接触不良，影响伏特计读数。正极接在 3V 处。

3. 试管中加入锌粒时，要将试管倾斜，让 Zn 粒沿容器内壁滑到底部。

4. 本实验所用的 Na_3AsO_3、Na_3AsO_4 和 NH_4F 均有毒，$(NH_4)_2S_2O_8$ 为强氧化剂，故实验完毕后的废液应回收到指定的容器中集中处理。

5. 锌粒回收。

【思考题】

1. 通过本次实验，请归纳出哪些因素影响电极电势？怎样影响？

2. 为什么 $K_2Cr_2O_7$ 能氧化浓 HCl 中的 Cl^- 离子，而不能氧化浓度比 HCl 大得多的 NaCl 浓溶液中的

Cl⁻ 离子?

3. 两电对的标准电极电势值相差越大，反应是否进行得越快?

附：盐桥的制法

称取 1g 琼脂，放在 100ml 饱和 KCl 溶液中浸泡一会，加热煮成糊状，趁热倒入 U 形玻璃管（里面不能留有气泡）中，冷却后即成。

实验 16　配合物的生成和性质

【实验目的】

1. 熟悉过滤和试管的使用等基本操作。

2. 了解几种不同类型的配合物的生成，比较配合物与简单化合物和复盐的区别；影响配合平衡移动的因素。

【实验原理】

由中心离子（或原子）和一定数目的中性分子或阴离子通过形成配位共价键相结合而成的复杂结构单元称配合单元，由配合单元组成的化合物称为配位化合物（简称配合物）。在配合物中，中心离子已体现不出其游离存在时的性质。由此，可以区分出是否有配合物存在。

配合物在水溶液中存在配合平衡：

$$M^{n+} + aL^- \rightleftharpoons (ML_a)^{n-a}$$

$$K_s = \frac{[MR_n]}{[M][R]^n}$$

配合物的稳定性可用平衡常数 $K_稳$（即 K_s）来衡量。根据化学平衡的知识可知，增加配体或金属离子的浓度有利于配合物的形成，而降低配体或金属离子的浓度则有利于配合物的解离。因此，弱酸或弱碱作为配体时，溶液酸碱性的改变会导致配合物的解离。若有沉淀剂能与中心离子形成沉淀反应，则会减小中心离子的浓度，使配合平衡朝解离的方向移动，最终导致配合物的解离。若另加入一种配体，能与中心离子形成稳定性更好的配合物，则有可能使沉淀溶解。总之，配合平衡与沉淀平衡的关系是朝着生成更难解离或更难溶解的物质的方向移动。

中心离子与配体形成配合物后，由于中心离子的浓度发生了改变，因此电极电势值也改变，从而改变了中心离子的氧化还原能力。

中心离子与多基配体的反应可生成具有环状结构的稳定性很好的螯合物，很多金属螯合物具有特征颜色，且难溶于水而易溶于有机溶剂。有些特征反应常用来作为金属离子的鉴定反应。

【仪器与试剂】

1. **仪器**　试管，试管架，离心试管，漏斗，漏斗架，滤纸。

2. **试剂**　H_2SO_4（2mol/L）、HCl（1mol/L）、NH_3/H_2O（2、6mol/L）、NaOH（0.1、2mol/L）、$CuSO_4$（0.1mol/L，固体）、$HgCl_2$（0.1mol/L）、KI（0.1mol/L）、$BaCl_2$（0.1mol/L）、$K_3Fe(CN)_6$（0.1mol/L）、$NH_4Fe(SO_4)_2$（0.1mol/L）、$FeCl_3$（0.1mol/L）、KSCN（0.1mol/L）、NH_4F（2mol/L）、$(NH_4)_2C_2O_4$（饱和）、$AgNO_3$（0.1mol/L）、NaCl（0.1mol/L）、KBr（0.1mol/L）、$Na_2S_2O_3$（0.1mol/L，饱和）、Na_2S（0.1mol/L）、$FeSO_4$（0.1mol/L）、$NiSO_4$（0.1mol/L）、$CoCl_2$（0.1mol/L）、$CrCl_3$（0.1mol/L）、EDTA（0.1mol/L）、乙醇（95%）、CCl_4、邻菲罗啉（0.25%）、二乙酰二肟（1%）、乙醚、丙酮。

【实验内容】

1. 配合物的制备

（1）含正配离子的配合物　在试管中加入 0.5g $CuSO_4 \cdot 5H_2O(s)$，加少许蒸馏水搅拌溶解，再逐滴加入 2mol/L 的氨水溶液，观察现象，继续滴加氨水至沉淀溶解而形成深蓝色溶液，然后加入 2ml 95% 乙醇，振荡试管，有何现象？静置 2 分钟，过滤，分出晶体。在滤纸上逐滴加入 2mol/L $NH_3 \cdot H_2O$ 溶液使晶体溶解，在漏斗下端放一支试管承接此溶液，保留备用。写出相应离子方程式。

（2）含负配离子的配合物　往试管中加入 3 滴 0.1mol/L 氯化汞溶液，逐滴加入 0.1mol/L 碘化钾溶液，注意最初有沉淀生成，后来变为配合物而溶解（保留此溶液供下面实验用）。写出离子反应方程式。

2. 配位化合物与简单化合物、复盐的区别

（1）把实验 1（1）中所得溶液分为两份，往第一支试管中滴加 2 滴 0.1mol/L 氢氧化钠溶液，第二支试管中滴入 3 滴 0.1mol/L 氯化钡溶液。观察现象，写出离子反应方程式。

另取两支试管，各加 5 滴 0.1mol/L 硫酸铜溶液，然后在一支试管中加入 2 滴 0.1mol/L 氢氧化钠溶液，另一支试管中滴入 3 滴 0.1mol/L 氯化钡溶液，观察现象，写出离子反应方程式。

（2）向实验 1（2）中所得溶液中加 2 滴 0.1mol/L 氢氧化钠，观察现象，写出离子反应方程式。

另取一支试管，加 2 滴 0.1mol/L 氯化汞溶液，再加 2 滴 0.1mol/L 氢氧化钠溶液，比较两次实验结果，并简单解释之。

（3）用实验证明铁氰化钾是配合物，硫酸铁铵是复盐，写出实验步骤并进行实验。

3. 配合平衡的移动

（1）配合物的取代反应　取 1ml 0.1mol/L 氯化铁溶液于试管中，滴加 0.1mol/L 硫氰化钾溶液，溶液呈何颜色？然后滴加 2mol/L NH_4F 溶液至溶液变为无色，再滴加饱和草酸铵溶液，至溶液变为黄绿色。写出离子反应方程式并解释。

（2）配合平衡和沉淀溶解平衡　在一支离心试管中加 3 滴 0.1mol/L 硝酸银溶液，然后按下列次序进行实验，并写出每一步骤的反应方程式。

①滴加 1 滴 0.1mol/L 氯化钠溶液至刚生成沉淀。

②加入 6mol/L 氨水溶液至沉淀刚溶解。

③加入 1 滴 0.1mol/L 溴化钾溶液至刚生成沉淀。

④加入 0.1mol/L $Na_2S_2O_3$ 溶液，边滴加边剧烈摇荡至沉淀刚溶解。

⑤滴加 1 滴 0.1mol/L 碘化钾溶液至刚生成沉淀。

⑥加入饱和 $Na_2S_2O_3$ 溶液至沉淀刚溶解。

⑦加入 0.1mol/L 硫化钠溶液至刚生成沉淀。

试从几种沉淀的溶解度和几种配离子的稳定常数的大小加以解释。

（3）配合平衡与氧化还原反应的关系　取两支试管，各加入 5 滴 0.1mol/L 的氯化铁溶液及 10 滴四氯化碳。然后在一支试管中加入 5 滴 0.1mol/L 碘化钾溶液，另一支试管中滴加 2mol/L NH_4F 至溶液变为无色，再加入 5 滴 0.1mol/L 碘化钾溶液，比较两试管中 CCl_4 层的颜色，解释现象并写出有关离子反应方程式。

（4）配合平衡和酸碱平衡反应

①在自制的硫酸四氨合铜溶液中，逐滴加入稀硫酸溶液，直至溶液呈酸性，观察现象，写出反应式。

②在自制的 $K_3[Fe(SCN)_6]$ 溶液中，逐滴加入 0.1mol/L 氢氧化钠溶液，观察现象，写出反应式。

4. 配合物的水合异构现象

（1）取一支试管加入 0.5ml 0.1mol/L 的 $CrCl_3$ 溶液，加热，观察溶液颜色变化，然后将溶液冷却，观察现象并解释。

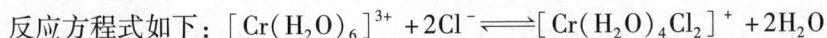

反应方程式如下：$\left[Cr(H_2O)_6\right]^{3+} + 2Cl^- \rightleftharpoons \left[Cr(H_2O)_4Cl_2\right]^+ + 2H_2O$

（2）取一支试管加入 0.5ml 0.1mol/L $CoCl_2$ 溶液，加热，观察溶液颜色变化，然后将溶液冷却，观察现象并解释。反应方程式如下：$\left[Co(H_2O)_6\right]^{2+} + 4Cl^- \rightleftharpoons \left[Co(H_2O)_2Cl_4\right]^{2-} + 4H_2O$

5. 配合物的应用

（1）取两支试管各加 10 滴自制的 $\left[Fe(SCN)_6\right]^{3-}$、$\left[Cu(NH_3)_4\right]^{2+}$，然后分别滴加 0.1mol/L EDTA 溶液，观察现象并解释。

（2）在小试管中（或白瓷点滴板上），滴加一滴 0.1mol/L $FeSO_4$ 溶液及 3 滴 0.25% 邻菲罗啉溶液，观察现象，此反应可作为 Fe^{2+} 离子的鉴定反应。

（3）在试管中加入 2 滴 0.1mol/L $NiSO_4$ 溶液及一滴 2mol/L $NH_3 \cdot H_2O$ 和 2 滴二乙酰二肟溶液，观察现象，此反应可作为 Ni^{2+} 的鉴定反应。

（4）在鉴定和分离离子时，常常利用形成配合物的方法来掩蔽干扰离子。例如 Co^{2+} 和 Fe^{3+} 共存时，采用 NH_4F 来掩蔽 Fe^{3+}，不需分离即可用 KSCN 法鉴定 Co^{2+}。

在一支试管中加入 2 滴 0.1mol/L $CoCl_2$ 溶液和几滴 1mol/L KSCN，再加一些戊醇（或丙酮），观察现象。

在一支试管中加入 1 滴 0.1mol/L $FeCl_3$ 溶液和 5 滴 0.1mol/L $CoCl_2$ 溶液，加几滴 1mol/L KSCN，有何现象？逐滴加入 2mol/L NH_4F 溶液，并振摇试管，观察现象；等溶液的血红色褪去后，加一些戊醇（或丙酮），振摇，静置，观察戊醇层颜色。

【注意事项】

1. 在性质实验中，生成沉淀的步骤，沉淀量要少，即刚观察到沉淀生成就可以；使沉淀溶解的步骤，加入试液越少越好，即使沉淀恰好溶解为宜。因此，溶液必须逐滴加入，且边滴边摇，若试管中溶液量太多，可在生成沉淀后，离心沉降弃去清液，再继续实验。

2. NH_4F 试剂对玻璃有腐蚀作用，储藏时最好放在塑料瓶中。

3. 注意配合物的活动性是指配合物在反应速度方面的性能。Cr–EDTA 配合物的稳定性相当高（$\lg K_s = 21$），但反应速度较慢。在室温下很少发生反应，必须在 EDTA 过量且加热煮沸下才能形成相应配合物。

4. $HgCl_2$ 毒性很大，使用时要注意安全。切勿使其入口或与伤口接触，用完试剂必须洗手，剩余的废液不能随便倒入下水道。

5. 在实验 3（2）的操作中，要注意：凡是生成沉淀的步骤，沉淀量要少，即到刚生成沉淀为宜。凡是使沉淀溶解的步骤，加入溶液量越少越好，即使沉淀刚溶解为宜。因此，溶液必须逐滴加入，且边滴边摇，若试管中溶液量太多，可在生成沉淀后，先离心弃去清液，再继续进行实验。

【思考题】

1. 总结本实验所观察到的现象以及影响配合平衡的因素有哪些。

2. 配合物与复盐的主要区别是什么？

实验 17　分子模型

【实验目的】

1. 通过搭建球棍模型，熟悉有机化合物分子空间结构，初步了解使用模型研究物质结构的方法。

2. 制作比对分子结构，掌握映异构体（旋光异构体）的空间结构。

3. 制作环己烷的构象异构体模型，理解构象异构体，认知物质结构研究中的重要作用。

【实验原理】

物质中直接相邻的原子之间存在着强烈的相互作用叫作化学键，化学键分为离子键与共价键。原子按一定顺序和规则相互结合，形成具有一定结构的分子，用球棍模型可以表示共价分子的结构。分子模型实验用模型来标识分子内各种化学键之间的正确角度以及分子中各原子或基团在三维空间的相对关系。这种模型不能准确地表示分子中原子的相对大小，原子核间的精确距离等，但能帮助我们了解有机化合物的立体结构。

【仪器】

仪器：制作分子结构模型的教具。

【实验内容】

1. 四面体结构

（1）制作甲烷的四面体模型，并观察其分子中的键角及对称因素。

甲烷		
分子式	结构式	球棍模型
CH_4	$H-\overset{\displaystyle H}{\underset{\displaystyle H}{C}}-H$	
结构特点	甲烷分子中的 5 个原子不在同一平面内，而是形成正四面体结构，碳原子位于正四面体的中心，4 个氢原子分别位于 4 个顶点，分子中的 4 个 C-H 键长度相同，相互之间的夹角相等	

（2）制作乙烷、1,2-二氯乙烷的四面体模型，观察其分子中的键角及对称因素。

	乙烷	1,2-二氯乙烷
分子式	C_2H_6	$C_2H_4Cl_2$
结构式	$H-\overset{\displaystyle H}{\underset{\displaystyle H}{C}}-\overset{\displaystyle H}{\underset{\displaystyle H}{C}}-H$	$H-\overset{\displaystyle H}{\underset{\displaystyle Cl}{C}}-\overset{\displaystyle H}{\underset{\displaystyle Cl}{C}}-H$
球棍模型		
结构特点	分子中 8 个原子不在同一平面内，是以碳原子为中心，其他原子为顶点的四面体结构	乙烷的两个 C 原子所连接的 H 分别被一个 Cl 取代

2. 对映异构（旋光异构）模型 制作乳酸的对映异构（旋光异构）模型，观察其镜面对称关系，并写出费歇尔投影式，注明其 R/S 构型。

乳酸		
分子式	结构式	球棍模型
$C_3H_6O_3$		
结构特点	这个分子结构可以分为两个部分：一个是羟基（OH），另一个是基（—COOH）。羟基和羧基分别位于乳酸分子的两端，位于同一侧，它们通过一个碳原子连接在一起，形成了一个分子链	

3. 构建构象异构模型

（1）制作乙烷、1,2-二氯乙烷的重叠式构象、交叉式构象、扭曲式构象模型，观察其各种构象，并学习以伞形式、锯架式、纽曼式的方法表示乙烷、1,2-二氯乙烷的不同构象。

	乙烷	1,2-二氯乙烷
分子式	C_2H_6	$C_2H_4Cl_2$
结构式		
球棍模型		
结构特点	分子中 8 个原子不在同一平面内，是以碳原子为中心，其他原子为顶点的四面体结构	乙烷的两个 C 原子所连接的 H 分别被一个 Cl 取代

（2）环己烷椅式构象和船式构象模型，进行椅式构象和船式构象之间的相互转换，观察直立键（a键）、平伏键（e 键）的分布变化，并写出纽曼投影式。

环己烷		
分子式	结构式	球棍模型
CH_4		
结构特征	环己烷为六元环，环己烷在空间中存在两种极限立体结构，分别为船式构象和椅式构象	

【思考题】

1. 画出乙烷交叉式和重叠式构象的锯架式和纽曼投影式，说明乙烷的优势构象是哪种？

2. 写出乙烷、1,2-二氯乙烷的分子模型各种构象变化中的纽曼投影式、锯架式及能量变化曲线。

3. 环己烷的椅式构象和船式构象哪种更稳定？为什么？

4. 什么是转换作用？发生转换作用后 a、e 键发生什么变化？

【测定及分析实验】

实验 18　0.1mol/L NaOH 标准溶液的配制与标定

【实验目的】

1. 学会配制标准溶液和基准物质标定标准溶液浓度的方法。
2. 基本掌握滴定操作和滴定终点的判断。

【实验原理】

氢氧化钠容易吸收空气中的 CO_2 而使配得的溶液中含有少量碳酸钠，经过标定的含碳酸盐的标准碱溶液用来测定酸含量时，若使用与标定时相同的指示剂，则对测量结果无影响；若标定与测定不使用相同的指示剂，则将发生一定的误差。因此，应配制不含碳酸盐的标准碱溶液进行滴定。

配制不含碳酸钠的标准氢氧化钠溶液的方法很多，最常见的是用氢氧化钠饱和水溶液（120∶100）配制。碳酸钠在饱和氢氧化钠溶液中不溶解，待碳酸钠沉淀后，量取上层澄清液，再稀释至所需浓度，即得到不含碳酸钠的氢氧化钠溶液。

饱和氢氧化钠溶液含量约为52%（质量分数），相对密度约为1.56。用来配制氢氧化钠溶液的水应加热煮沸，放冷除去其中的 CO_2。

标定碱溶液用的基准物质很多，如：草酸、苯甲酸、氨基磺酸、邻苯二甲酸氢钾等，目前常用的是邻苯二甲酸氢钾，其滴定反应如下：

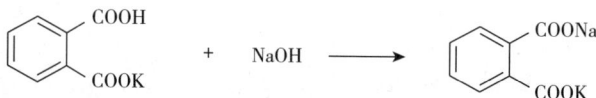

计量点时由于弱酸盐的水解，溶液呈微碱性，应用酚酞为指示剂。

【实验试剂】

NaOH；邻苯二甲酸氢钾：基准试剂，于 105～110℃ 干燥至恒重；1%酚酞指示剂。

【实验内容】

1. NaOH 溶液的配制　量取氢氧化钠饱和溶液5.6ml，加新煮沸过的冷蒸馏水至1000ml，摇匀，即得0.1mol/L 氢氧化钠溶液。

2. 0.1mol/L 氢氧化钠溶液的标定　精密称取干燥至恒重的基准邻苯二甲酸氢钾4.5～5.0g，置小烧杯中溶解后定量转移至250ml 容量瓶，稀释至刻度。精密量取25ml 溶液，置250ml 容量瓶中，加25ml 水，酚酞1滴，用0.1mol/L 氢氧化钠溶液滴定至溶液呈淡粉红色保持30秒不褪即为终点。记录所耗用的氢氧化钠溶液的体积。做三次平行测定。

$$c_{邻} = \frac{W_{邻} \cdot 1000}{M_{邻} \cdot 250.0}; \quad M_{邻} = 204.2; \quad c_{氢氧化钠} = \frac{c_{邻} \cdot V_{邻}}{V_{氢氧化钠}}$$

【思考题】

1. 本实验中，氢氧化钠和邻苯二甲酸氢钾两种标准溶液的配制方法有何不同？为什么？
2. 本实验中哪些数据需要精确测定？各用什么仪器？

实验 19　白醋中总酸含量的测定

【实验目的】

1. 熟练掌握碱式滴定管、移液管和容量瓶的使用。

2. 掌握强碱滴定弱酸过程中 pH 的变化和指示剂的选择。

3. 掌握醋酸总酸量的测定方法，学习用化学定量分析法解决实际问题。

【实验原理】

食醋的主要成分是醋酸（$K_a^{\ominus} = 1.75 \times 10^{-5}$），此外还含有少量其他有机弱酸，如乳酸（$K_a^{\ominus} = 1.4 \times 10^{-4}$）等。食醋中醋酸含量较大，一般 ≥3.5%（g/100ml），$cK_a^{\ominus} \geqslant 10^{-8}$，可用 NaOH 标准溶液直接准确滴定，但实际测出的是总酸量，测定结果表示仍以醋酸表示，主要反应方程式如下：

$$CH_3COOH + NaOH \Longrightarrow CH_3COONa + H_2O$$

计量点产物为强碱弱酸盐，滴定突跃 pH 值约为 8.7，在碱性范围，故选择酚酞作指示剂。

为防止食醋色泽影响终点颜色观察，因此，必须选择白醋并稀释后再进行滴定。

【仪器与试剂】

1. 仪器　2ml 吸量管，250ml 锥形瓶，碱式滴定管。

2. 试剂　NaOH 标准溶液（0.1mol/L），酚酞指示剂，白醋样品。

【实验内容】

精密移取 2ml 白醋样品，置于 250ml 锥形瓶中，加入 30~40ml 蒸馏水，加入 1~2 滴酚酞指示剂，用已标定的 0.1mol/L NaOH 标准溶液滴定至溶液呈微红色，半分钟内不褪色，即为终点，记录所消耗 NaOH 溶液的体积。平行测定三次，计算食醋中总酸的含量（以醋酸计，g/100ml）。

【数据记录与处理】

表 3-6　白醋中总酸含量测定

项目	测定编号		
	1	2	3
V(白醋)/(ml)			
V_{NaOH}(初)/(ml)			
V_{NaOH}(终)/(ml)			
V_{NaOH}/(ml)			
总酸含量 ρ/(g/100ml)			
平均含量 $\bar{\rho}$/(g/100ml)			
相对平均偏差(%)			

$$\rho(HAc) = \frac{c_{NaOH} \times V_{NaOH} \times M(HAc)}{10 \times V(白醋)}（g/100ml）$$

注：$M(HAc) = 60g/mol$

【注意事项】

1. 碱式滴定管使用时要赶走乳胶管中气泡，滴定过程中也不要形成气泡，以免产生大的误差。

2. 在酸碱滴定中指示剂用量一般为 1~2 滴，不可多用。

3. 测定结果要求相对平均偏差小于 0.3%。

【思考题】

1. 以 NaOH 溶液滴定醋酸溶液，属于哪种类型的滴定？怎样选择指示剂？
2. 若选有颜色的食醋，应当如何测定？

实验 20　EDTA 标准溶液的配制与标定

【实验目的】

1. 掌握 EDTA 标准溶液的配制和标定方法；掌握铬黑 T 指示剂的使用条件和确定终点的方法。
2. 熟悉金属指示剂变色原理及使用注意事项。
3. 了解配位滴定法的特点。

【实验原理】

乙二胺四乙酸简称 EDTA 或 EDTA 酸，用 H_4Y 表示，是白色、无味的结晶性粉末，不溶于冷水、乙醇及一般有机溶剂，微溶于热水，溶于氢氧化钠，碳酸钠及氨的溶液。实验中一般用乙二胺四乙酸二钠盐代替 EDTA，一般简称为 EDTA 或者 EDTA 二钠盐，用 $Na_2H_2Y \cdot 2H_2O$ 表示，其在水中的溶解度较大。市售的 EDTA 二钠盐中含有 EDTA 酸和水分，而且 EDTA 与金属离子配位反应有普遍性，水和试剂中的微量金属离子或玻璃容器溶出的金属离子都会与 EDTA 反应，所以 EDTA 标准溶液用间接法配制。

标定 EDTA 标准溶液常用的基准物质有纯金属如 Zn、Cu、ZnO、$CaCO_3$、$MgSO_4 \cdot 7H_2O$ 等。

本实验 ZnO 为基准物质标定 EDTA 标准溶液浓度。滴定条件：pH = 10，以铬黑 T 为指示剂，终点由紫红色变为纯蓝色。滴定过程中的反应为：

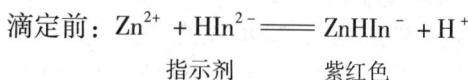

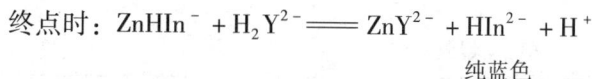

滴定前：$Zn^{2+} + HIn^{2-} \Longrightarrow ZnIn^- + H^+$
　　　　　指示剂　　　紫红色

终点时：$ZnIn^- + H_2Y^{2-} \Longrightarrow ZnY^{2-} + HIn^{2-} + H^+$
　　　　　　　　　　　　纯蓝色

【仪器与试剂】

1. 仪器　250ml 容量瓶，10ml、100ml 量筒，250ml 锥形瓶，酸式滴定管，500ml 试剂瓶，称量瓶，分析天平。

2. 试剂　乙二胺四乙酸二钠盐（$Na_2H_2Y \cdot 2H_2O$，AR），ZnO（基准物质，于 800℃ 灼烧至恒重，放入干燥器内冷却后备用），氨试液（取浓氨水 400ml，加水稀释至 1000ml），氨-氯化铵缓冲溶液（pH≈10，取 54g NH_4Cl 溶于少量水中，加入 350ml 浓氨水，用水稀释至 1000ml），HCl 溶液（1:1），铬黑 T 指示剂（铬黑 T 0.1g 与研细的 NaCl 10g 混匀），甲基红指示剂（乙醇溶液，0.025g→100ml）。

【实验内容】

1. 0.05mol/L EDTA 标准溶液的配制　称取乙二胺四乙酸二钠约 9.5g，溶于 300ml 温水中，用水稀释至 500ml，混匀。储存于硬质玻璃瓶或聚乙烯瓶中，贴好标签备用。

2. 0.05mol/L EDTA 标准溶液的标定　精密称取已在 800℃ 灼烧至恒重的基准 ZnO 0.12g 左右，置于 250ml 锥形瓶中，加入 HCl 溶液 3ml，使之完全溶解，加入蒸馏水 25ml、甲基红指示剂 1 滴，滴加氨试液至溶液呈微黄色。再加入蒸馏水 25ml、氨-氯化铵缓冲溶液 10ml，铬黑 T 指示剂适量，用 EDTA 标准溶液滴定至溶液由紫红色变为纯蓝色即为滴定终点。平行测定三次，计算 EDTA 标准溶液的浓度。

【数据记录与处理】

表 3 – 7　0.05mol/L EDTA 标准溶液标定

项目	测定编号		
	1	2	3
$m(ZnO)/(g)$			
$V_{EDTA}(初)/(ml)$			
$V_{EDTA}(终)/(ml)$			
$V_{EDTA}/(ml)$			
$c_{EDTA}/(mol/L)$			
$\bar{c}_{EDTA}/(mol/L)$			
相对平均偏差(%)			

$$c_{EDTA} = \frac{m(ZnO) \times 1000}{M(ZnO) \times V_{EDTA}}$$

注：$M(ZnO) = 81.4g/mol$

【注意事项】

1. 基准物质 ZnO 在 HCl 溶液中完全溶解后方可加入蒸馏水和甲基红指示剂。

2. 甲基红指示剂只需加 1 滴，若多加，在滴加氨试液后溶液呈较深的黄色，致使终点颜色发绿。

3. 滴加氨试液至溶液呈微黄色，应边滴加边振摇，若出现 $Zn(OH)_2$ 沉淀，可用 HCl 溶液调回，使沉淀溶解。

4. 配位反应为分子反应，反应速度不如离子反应快，近终点时，滴定速度不宜太快。

【思考题】

1. 酸度对配位反应有何影响？为什么在滴定时要加 $NH_3 – NH_4Cl$ 缓冲溶液？

2. 为什么常将铬黑 T 配制成固体试剂，而不用铬黑 T 水溶液？

实验 21　自来水的总硬度测定

【实验目的】

1. 掌握配位滴定法测定水的总硬度的原理和方法。

2. 掌握水硬度的计算，学习用化学定量分析法解决实际问题。

【实验原理】

水的总硬度是指水中镁盐和钙盐的含量。水的硬度包括永久硬度和暂时硬度。在水中以碳酸氢盐存在的钙、镁盐，加热后被分解，析出沉淀而除去：

$$Ca(HCO_3)_2 \xrightleftharpoons{\triangle} CaCO_3 \downarrow + H_2O + CO_2 \uparrow$$

$$Mg(HCO_3)_2 \xrightleftharpoons{\triangle} MgCO_3 \downarrow + H_2O + CO_2 \uparrow$$

$$\xrightarrow{+H_2O} Mg(OH)_2 \downarrow + CO_2 \uparrow$$

这类碳酸氢盐形成的硬度称为暂时硬度。

而钙、镁的非碳酸氢盐（如硫酸盐、氯化物等）所形成的硬度称为永久硬度。

硬度对工业用水影响很大，尤其是锅炉用水，各种工业对水的硬度都有一定的要求。饮用水中硬度过高会影响肠胃的消化功能等。因此硬度是水质分析的重要指标之一。

测定水的总硬度一般采用 EDTA 滴定法。在 pH≈10 的氨性缓冲溶液中，以铬黑 T 为指示剂，用 EDTA 标准溶液滴定钙、镁离子总量。

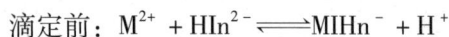

滴定前：$M^{2+} + HIn^{2-} \rightleftharpoons MIHn^- + H^+$

　　　　　纯蓝色　　　酒红色

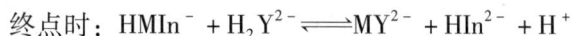

终点时：$HMIn^- + H_2Y^{2-} \rightleftharpoons MY^{2-} + HIn^{2-} + H^+$

　　　　酒红色　　　　　　　纯蓝色

注：$M = Ca^{2+}$、Mg^{2+}

我国目前采用将水中钙、镁离子的总量折算成 $CaCO_3$ 含量来表示硬度（单位为 mg/L）。《生活饮用水卫生标准》（GB 5749—2022）中规定，生活饮用水总硬度（以 $CaCO_3$ 计，mg/L）不超过 450mg/L。

【仪器与试剂】

1. 仪器　100ml 容量瓶，10ml、100ml 量筒，250ml 锥形瓶，酸式滴定管。

2. 试剂　EDTA 标准溶液（0.05mol/L），氨试液（取浓氨水 400ml，加水稀释至 1000ml），氨 – 氯化铵缓冲溶液（pH≈10，取 54gNH_4Cl 溶于少量水中，加入 350ml 浓氨水，用水稀释至 1000ml），铬黑 T 指示剂（铬黑 T 0.1g 与研细的 NaCl 10g 混匀）。

【实验内容】

1. 0.01mol/L EDTA 标准溶液的配制　精密移取 0.05mol/L EDTA 标准溶液 20.00ml 于 100ml 容量瓶中，定容，摇匀，贴好标签备用。

2. 自来水总硬度的测定　用量筒量取 100ml 自来水样于锥形瓶中，加入氨 – 氯化铵缓冲溶液 5ml，铬黑 T 指示剂适量，用 0.01mol/L EDTA 标准溶液滴定至溶液由酒红色变为纯蓝色即为滴定终点。平行测定三次，计算自来水的总硬度。

【数据记录与处理】

表 3 – 8　自来水总硬度的测定

项目	测定编号		
	1	2	3
$V_{水样}$/(ml)			
c_{EDTA}/(mol/L)			
V_{EDTA}(初)/(ml)			
V_{EDTA}(终)/(ml)			
V_{EDTA}/(ml)			
总硬度(以 $CaCO_3$ 计,mg/L)			
总硬度平均值(以 $CaCO_3$ 计,mg/L)			
相对平均偏差(%)			

$$总硬度 = \frac{c_{EDTA} \times V_{EDTA} \times M(CaCO_3) \times 1000}{V_{水样}} (mg/L)$$

注：$M(CaCO_3) = 100g/mol$。

【注意事项】

滴定时，因反应速度较慢，在接近终点时，标准溶液慢慢加入，并充分摇动。

【思考题】

1. 为什么测定水的硬度时，要用 $0.01mol/L$ 的 EDTA 溶液？

2. 水的总硬度测定时，加入缓冲溶液的作用是什么？当水的总硬度较大时，加入氨性缓冲溶液会出现什么情况？

3. 如果水样中存在 Al^{3+} 和 Fe^{3+}，如何处理？

实验 22　中药白矾中硫酸铝钾含量的测定

【实验目的】

1. 掌握配位滴定法中返滴定的原理、操作和计算。

2. 了解 EDTA 测定铝盐的特点及掌握二甲酚橙指示剂滴定终点的判断。

【实验原理】

中药白矾是硫酸盐类矿物明矾石族明矾石经加工提炼制成，主要含 $[KAl(SO_4)_2 \cdot 12H_2O]$，外用解毒杀虫，燥湿止痒；内服止血止泻，祛除风痰。一般采用 EDTA 配位滴定法测定其组成中铝的含量，再换算成硫酸铝钾的含量。

由于 Al^{3+} 能与 EDTA 形成比较稳定的配合物，但反应速度较慢，而且 Al^{3+} 对二甲酚橙指示剂有封闭作用，因此通常采用返滴定法测定铝。即首先加入准确加入过量的 EDTA 标准溶液，加热煮沸使 Al^{3+} 与 EDTA 反应完全。冷却后，再用 Zn^{2+} 标准滴定剩余的 EDTA：

$$Al^{3+} + H_2Y^{2-} \Longleftrightarrow AlY^- + 2H^+$$
$$\qquad\qquad 过量$$
$$H_2Y^{2-} + Zn^{2+} \Longleftrightarrow ZnY^{2-} + 2H^+$$
$$\qquad 剩余量$$

返滴定时，以二甲酚橙为指示剂，在 pH < 6.3 的条件下滴定至溶液由黄色变为红色，即为终点。

$$Zn^{2+} + XO \Longleftrightarrow Zn - XO$$
$$\qquad 黄色 \qquad\quad 红色$$

【仪器与试剂】

1. 仪器　25ml 移液管，10ml、100ml 量筒，250ml 锥形瓶，酸式滴定管，水浴锅。

2. 试剂　$0.05mol/L$ EDTA 标准溶液，$0.05mol/L$ $ZnSO_4$ 标准溶液，醋酸 - 醋酸铵缓冲溶液（pH ≈ 6.0，取醋酸铵 100g，加水 300ml 使溶解，加冰醋酸 7ml，摇匀即得），二甲酚橙指示剂（取二甲酚橙 0.2g，加水 100ml 使溶解，即得。临用新制）。

【实验内容】

精密称取白矾样品 0.15 ~ 0.2g，置于 250ml 锥形瓶中，加蒸馏水 20ml，完全溶解后，加醋酸 - 醋酸铵缓冲液（pH 6.0）20ml，精密加入 $0.05mol/L$ 的 EDTA 标准溶液 25ml，沸水浴中加热几分钟，放冷，加入二甲酚橙指示剂 1ml，用 $0.05mol/L$ 锌标准溶液滴定至溶液自黄色转变为红色，即为滴定终点。平行测定三次。

【数据记录与处理】

表 3 – 9 白矾中硫酸铝钾含量的测定

项目	测定编号		
	1	2	3
$m($ 白矾 $)/($ g $)$			
$V_{EDTA}/($ ml $)$			
$V_{ZnSO_4}($ 初 $)/($ ml $)$			
$V_{ZnSO_4}($ 终 $)/($ ml $)$			
$V_{ZnSO_4}($ ml $)$			
$KAl(SO_4)_2 \cdot 12H_2O$ 的含量（%）			
含量平均值			
相对平均偏差（%）			

$$KAl(SO_4)_2 \cdot 12H_2O \text{ 的含量}(\%) = \frac{[(c \times V)_{EDTA} - (c \times V)_{ZnSO_4}] \times M_{KAl(SO_4)_2 \cdot 12H_2O}}{m(\text{白矾}) \times 1000} \times 100\%$$

注：$M_{KAl(SO_4)_2 \cdot 12H_2O} = 474.4 \text{g/mol}$

【注意事项】

1. 试样溶于水后，会缓慢水解，溶液混浊，加入过量的 EDTA 溶液加热后，即可溶解，不影响测定。

2. 加热能使 Al^{3+} 与 EDTA 的配位反应加速，一般在沸水浴中加热 3 分钟，反应的完成可达 99%，为使反应完全，加热 10 分钟。

3. 在 pH < 6 时，游离二甲酚橙呈黄色，滴定至终点时，微过量的 Zn^{2+} 与部分二甲酚橙配合成红紫色，终点颜色为黄色与红紫色组成的橙色~红色。

【思考题】

1. 用 EDTA 测定铝盐的含量，为什么不能用直接滴定法？

2. Al^{3+} 对二甲酚橙有封闭作用，为什么在本实验中还能采用二甲酚橙作指示剂？

实验 23 酸度计的使用及溶液 pH 的测定

【实验目的】

1. 掌握 pH 计的正确使用及维护方法。

2. 熟悉使用 pH 计测定样品 pH 的操作。

3. 了解玻璃电极膜电位的产生机理。

【实验原理】

酸度计（又称 pH 计），主要用来精密测量液体介质的酸碱度值的仪器，是一种常见的分析仪器。

直接电位法测定溶液 pH 值常选用玻璃电极作指示电极，饱和甘汞电极作参比电极，浸入待测溶液中组成原电池：

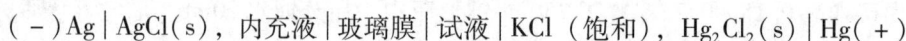

$(-)Ag|AgCl(s)$, 内充液 $|$ 玻璃膜 $|$ 试液 $|$ KCl（饱和），$Hg_2Cl_2(s)|Hg(+)$

此原电池的电动势为：

$$E = \varphi_{SCE} - \varphi_{玻} = \varphi_{SCE} - (K - \frac{2.303RT}{F}pH) = K' + \frac{2.303RT}{F}pH$$

在一定的条件下，原电池的电动势与溶液的 pH 值之间呈线性关系，其斜率为 $2.303RT/F$。但由于 K' 受溶液组成、电极种类及电极使用时间等诸多因素的影响，K' 不能准确测量。因此，在实际工作中常采用"两次测量法"。

在相同的条件下，首先采用与待测溶液的离子强度接近、pH 值接近的标准缓冲溶液对酸度计进行定位（或校准），以消除液接电位、不对称电位等对测量结果引起的误差。

目前的酸度计基本都使用复合 pH 电极，复合 pH 电极是将玻璃电极和甘汞电极组合在一起，构成单一电极体，其内管为常规的玻璃电极，外管为用玻璃或高分子材料制成的参比电极，内盛参比电极电解液，插有 Ag-AgCl 内参比电极或 $Hg-Hg_2Cl_2$ 电极。

【仪器与试剂】

1. 仪器　酸度计，50ml 烧杯，玻璃棒，洗瓶。

2. 试剂　标准缓冲溶液：邻苯二甲酸氢钾溶液（0.05mol/L，pH = 4.00），混合磷酸盐溶液（pH = 6.86），硼砂溶液（0.01mol/L，pH = 9.18），待测溶液（3 种，酸性、中性、碱性溶液各一种或选其中两种），广泛 pH 试纸。

【实验内容】

以下操作步骤以 pHS-3E 酸度计为例，其他型号的酸度计的操作步骤可参考仪器使用说明书。

1. 开机准备、预热　取下 pH 复合电极下端的保护套，并且取下电极上段的橡皮套使其露出上端小孔，将 pH 复合电极及温度传感器安装在电极架上，然后用去离子水冲洗电极，并用滤纸条吸干后，打开仪器电源，预热 20 分钟以上。

2. 定位（或校准）　按"定位"键，将 pH 复合电极及温度传感器插入接近待测溶液 pH 的标准缓冲溶液中（如 pH = 6.86 标准缓冲液），使仪器显示的 pH 值与该标准缓冲溶液在此温度下的 pH 值相同。将电极及温度传感器从此 pH 的标准缓冲溶液中取出，用去离子水清洗干净，并用滤纸吸干。

按"斜率"按键，插入另一 pH 值的标准缓冲溶液中（待测溶液 pH 应处于两个标准缓冲溶液的 pH 值范围内），调节斜率旋钮，使仪器显示 pH 值与该标准缓冲溶液在此温度下的 pH 值相同。

完成两点校正。

3. 待测溶液 pH 值测定　用去离子水冲洗 pH 复合电极及温度传感器，并用滤纸条吸干水分后，将 pH 复合电极及温度传感器插入待测溶液中，稳定后读取 pH 值（1 分钟内改变不超过 ±0.05 时）；平行测定 3 次，记录数据。

测量完毕，用去离子水冲洗电极，再用滤纸吸干；套上电极保护套（套中盛满电极保护液），关机。

【数据记录与处理】

表 3-10　溶液的 pH 的测定

	1	2	3	平均值	$\bar{dr}$
样品 1					
样品 2					
样品 3					

【注意事项】

1. 使用前，检查玻璃电极前端的球泡。正常情况下，电极应该透明而无裂纹；球泡内要充满溶液，不能有气泡存在，如有气泡应用力甩去。

2. 烧杯先用去离子水润洗，再用 10ml 缓冲溶液润洗 2 次，然后盛装缓冲溶液，校正完仪器后，倒回原先的容量瓶。

3. pH 复合电极插入被测溶液后，要搅拌晃动几下再静止放置，这样会加快电极的响应。

4. 清洗电极后，不要用滤纸擦拭玻璃膜，而应用滤纸吸干，避免损坏玻璃薄膜。

5. 避免接触强酸、强碱或腐蚀性溶液，如果测试此类溶液，应尽量减少浸入时间，用后仔细清洗干净。避免在无水乙醇、浓硫酸等脱水性介质中使用，它们会损坏球泡表面的水合凝胶层。

6. 测量结束，及时套上电极保护套，电极应浸泡到少量外参比补充液中。

【思考题】

1. 在斜率标定中若待测液为酸性，标准缓冲液应选择哪一个 pH 值？若待测液为碱性呢？

2. 在测量溶液 pH 时，为什么 pH 计要用标准 pH 缓冲溶液进行定位？

3. 使用玻璃电极测量溶液 pH 时，应注意些什么？

实验 24　固体样品红外光谱测定

【实验目的】

1. 掌握红外光谱分析时固体样品的 KBr 压片法。

2. 熟悉解析红外光谱图的基本步骤。

3. 了解傅立叶红外光谱仪的工作原理、构造和使用方法，并熟悉基本操作。

【实验原理】

红外吸收光谱是由分子的振动 – 转动跃迁引起的。不同的化合物具有不同的官能团，它们的原子质量和化学键的力常数各不相同，就会出现不同的吸收频率。因而具有不同的红外光谱特征。所以可以用物质的红外光谱进行定性鉴别和结构鉴定。

傅立叶变换红外光谱仪利用麦克尔逊干涉仪将两束光程差按一定速度变化的复色红外光相互干涉，形成干涉光，再与样品作用。探测器将得到的干涉信号送入计算机进行傅立叶变换的数学处理，把干涉图还原成光谱图。

【仪器与试剂】

1. 仪器　傅立叶变换红外光谱仪，油压机及压片模具，玛瑙乳钵，红外灯。

2. 试剂　KBr 粉末（光谱纯），乙酰苯胺，苯甲酸或其他样品。

【实验内容】

1. 压片　称取试样 1～2mg，另称取 2μm 以下的 KBr 粉末 100mg，于红外灯下在玛瑙乳钵中研磨均匀（直至无明显颗粒存在），装入压片模具，用油压机以 15～20MPa 的压力压 3～5 分钟，压片厚度约0.5mm。同时，压制一片空白 KBr 薄片作为背景。将样品装入样品夹，置于样品窗口。

2. 测定吸收光谱　打开红外光谱仪开关，预热 30 分钟；然后启动计算机，启动软件。开机进行背景采集（视样品形式选择相应的背景采集方式，如薄膜类样品以空气为背景，由粉末压片法制得的样品以 KBr 薄片为背景），将测试样品放置在光路中，设置样品测试的各项参数后进行样品信息采集。

测定完后对红外光谱图进行解析，并推断其可能的结构。

【注意事项】

1. 红外光谱测定最常用的试样制备方法是 KBr 压片法（《中国药典》收载品种 90% 以上用此法），因此为减少对测定的影响，所用 KBr 应为光谱纯试剂，使用前应适当研细（200 目以下）并在 120℃ 以上烘 4 小时以上后置干燥器中备用。制备好的空白 KBr 片应透明，与空气相比，透光率应在 75% 以上。

2. 一般要求所测得的光谱图中绝大多数吸收峰透光率范围处于 10% ~ 80%。最强吸收峰的透光率如太大，则说明取样量太少；相反，如最强吸收峰为接近透光率为 0%，且为平头峰，则说明取样量太多，此时均应调整取样量后重新测定。

3. 研磨固体，一定要将样品磨细后再加入溴化钾粉末进行研磨。研磨时应按同一方向（顺时针或逆时针）均匀用力，如不按同一方向研磨，有可能在研磨过程中使供试品产生转晶，从而影响测定结果。研磨力度不用太大，研磨到试样中不再有肉眼可见的小粒子即可。

4. 压片模具用后应立即用擦镜纸擦拭干净，必要时用无水乙醇清洗干净并擦干，置干燥器中保存，以免吸湿腐蚀磨具。

【思考题】

1. 为什么进行红外吸收光谱测定时样品不能含有水分？

2. 芳香烃的红外特征吸收在谱图的什么位置？

3. 红外光谱测试时，液体试样和固体试样的制样操作有哪些注意事项？

实验 25　物质熔点的测定

【实验目的】

1. 掌握熔点测定的操作方法。

2. 了解熔点测定的意义。

【实验原理】

熔点是固体有机化合物固液两态在大气压力下达成平衡的温度。纯净的固体有机化合物一般都有固定的熔点，而从开始熔化（始熔）至完全熔化（全熔）的温度范围叫作熔点距，也叫熔程，一般不超过 $0.5 ~ 1.0℃$。当含杂质时，根据拉乌耳定律可知，在一定的压力和温度条件下，在溶剂中增加溶质，导致溶剂蒸气分压降低，进而导致其熔点下降，熔点距变宽。由于大多数有机化合物的熔点低于 $300℃$，较易测定，故利用熔点测定的方法，也可用来初步判断有机化合物的纯度。

加热纯有机化合物，当温度接近其熔点范围时，升温速度随时间变化约为恒定值，此时用加热时间对温度作图 [图 3 – 3 (a)]。图 3 – 3 (b) 显示，为样品物质的蒸气压与温度的关系，曲线 M – S 表示一种物质固相的蒸气压与温度的关系。图 3 – 3 (c) 显示，曲线 L – L′ 表示液相的蒸气压与温度的关系。图 3 – 3 (d) 显示，由于 M – S 的变化大于 L – L′。两条曲线相交于 M，在交叉点 M 处，固液两相蒸气压相等，固液两相平衡共存，这时的温度（T_x）就是该物质的熔点（melting point，缩写为 m. p.）。当最后一点固体熔化后，继续提供热量就使温度线性上升。这说明纯晶体物质具有固定和敏锐的熔点。因此，要精确地测定熔点，在接近熔点时加热速度一定要慢，每分钟温度升高不能超过 $1 ~ 2℃$，只有这样才能使整个熔化过程尽可能接近于两相平衡的条件。

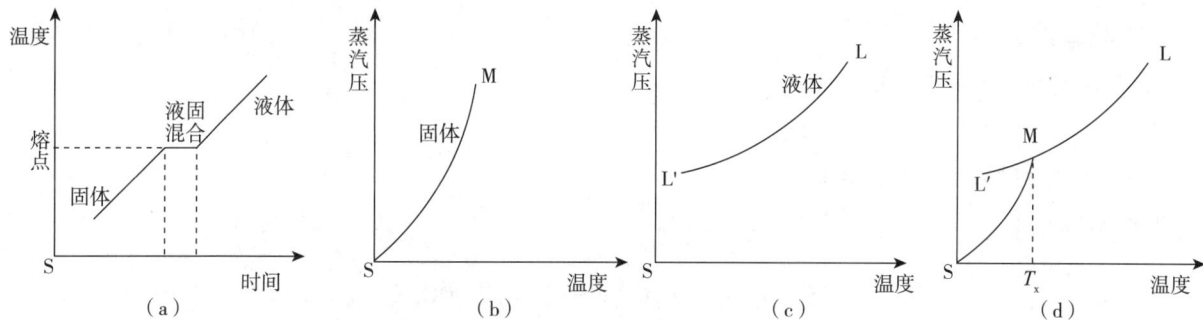

图 3 – 3　物质的蒸气压和温度的关系

有机化合物熔点的测定方法很多，其中，以毛细管法和显微熔点法为主。毛细管法应用广泛，具有设备简单，加热、冷却速度快，节省时间等优点，但样品消耗量大，加热时熔点测定管内温度分布不均匀，不能精确观察样品在加热过程状态的变化，测得的熔点不够精确，因此现在已较少使用。显微熔点测定法由于采用可调电热板加热、温度计或热电偶测温以及显微镜观察样品的熔化过程，提高了测量精度。本实验将重点介绍显微熔点测定法。

用显微熔点测定法测定有机物熔点时，可采用显微熔点测定仪，其实质是在显微镜下观察熔化的过程。

【仪器与试剂】

显微熔点测定仪，载玻片，盖玻片，镊子，苯甲酸。

【实验内容】

1. 在使用仪器前，须仔细阅读使用手册，严格按操作要求进行。

2. 取少量苯甲酸颗粒（5～10粒即可）置于干燥洁净的载玻片上并覆盖一片盖玻片，随后放置于显微镜的载热台上。

3. 连接熔点仪电源，打开光源，调节反光镜、物镜和目镜，使镜头焦点对准样品颗粒，至可以清晰地观察到样品形态。

4. 开启加热，先快后慢，当温度接近熔点时（低于熔点约20℃），调节升温速度至为1～2℃/min。此时需仔细观察处于视野中心的一粒样品的变化。当样品棱角开始变圆时，表示开始熔化，此温度即为初熔温度，当固体颗粒刚刚完全变为液体，表示熔化已完成，此温度即为全熔温度。测量结束后，随即停止加热。

5. 记录对应温度并计算熔程。

6. 进行第二次测量时，需用镊子先将载玻片等取走，用一厚铝盖板放在加热板上，加快冷却，待温度下降至低于样品熔点20～30℃，即可重复上述操作，进行熔点测量。注意，后续测量时，可进一步降低升温速率，以减小误差。

7. 实验结束后，清洗所用载玻片，以备重复使用。

【注意事项】

实验前需仔细阅读熔点仪的使用手册。在测量样品熔点时，需调节升温速度为1～2℃，仔细观察固体棱角变化，如果升温速度过快，会使观察误差变大。

【思考题】

样品在熔化过程中的温度是怎样变化的？为什么？

实验 26　旋光法测定蔗糖转化反应的速率常数

【实验目的】

1. 掌握旋光仪的原理和使用方法。

2. 了解反应物浓度与旋光度之间的关系。

3. 测定蔗糖的转化速率，并验证其为一级反应。

【实验原理】

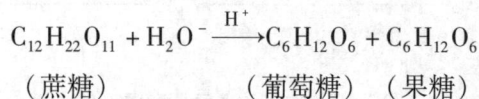

$$C_{12}H_{22}O_{11} + H_2O \xrightarrow{\quad H^+ \quad} C_6H_{12}O_6 + C_6H_{12}O_6$$
（蔗糖）　　　　　　　　　　（葡萄糖）（果糖）

蔗糖转化反应是一个二级反应。在纯水中，此反应速率极慢，通常需要在 H^+ 离子的催化作用下进行。由于反应时水是大量存在的，尽管有部分水参加反应，可以近似认为整个反应过程中水的浓度是恒定的；而且 H^+ 是催化剂，其浓度也保持不变，因此蔗糖转化反应可看作为一级反应。一级反应的速率方程可由下式表示：

$$-\frac{dc_A}{dt} = kc_A \tag{3-1}$$

式中，k 为反应速率常数，c_A 为时间 t 时的反应物浓度。式（3-1）积分得

$$\ln c_A = kt + \ln c_{A,0} \tag{3-2}$$

$c_{A,0}$ 为反应开始时蔗糖的浓变。

当 $c_A = 1/2 c_{A,0}$ 时，t 可用 $t_{1/2}$ 表示，即为反应的半衰期：

$$t_{1/2} = \ln 2/k = 0.693/k \tag{3-3}$$

蔗糖及其转化产物都含有不对称的碳原子，它们具有旋光性，但是它们的旋光能力不同，故可以利用体系在反应过程中旋光度的变化来度量反应的进程。

测量物质旋光度所用的仪器称为旋光仪。溶液的旋光度与溶液中所含旋光物质的旋光能力、溶剂性质、溶液的浓度、样品管长度、光源波长及温度等均有关系。当其他条件均固定时，旋光度 α 与反应物浓度 c 呈线性关系，即

$$\alpha = Kc \tag{3-4}$$

式中，比例常数 K 与物质的旋光能力、溶质性质、样品管长度、温度等有关。物质的旋光能力用比旋光度来度量，比旋光度可用下式表示：

$$[\alpha]_D^{20} = \alpha \times 100/lc \tag{3-5}$$

式中，20 为实验温度 20℃；D 指所用钠光灯光源 D 线，波长 589nm；α 为测得的旋光度（度）；l 为样品管的长度（dm）；c 为浓度（g/100ml）。

反应物蔗糖是右旋性物质，其比旋光度为 $[\alpha]_D^{20} = 66.6°$；生成物中葡萄糖也是右旋性的物质，其比旋光度为 $[\alpha]_D^{20} = 52.5°$，但果糖是左旋性物质，其比旋光度为 $[\alpha]_D^{20} = -91.9°$。由于生成物中果糖的左旋性比葡萄糖右旋性大，所以生成物呈现左旋性质，因此，随反应的进行，体系的右旋角度不断减小，反应至某一时刻，体系的旋光度恰好等于零，之后就变成左旋，直至蔗糖完全转化，此时左旋角度达到最大值 α_∞。

设最初体系的旋光度为

$$\alpha_0 = K_{反} c_{A,0} \quad (t=0 \quad 蔗糖尚未转化) \tag{3-6}$$

最终体系的旋光度为

$$\alpha_\infty = K_{生} c_{A,0} \quad (t=\infty \quad 蔗糖已完全转化) \tag{3-7}$$

$K_{反}$、$K_{生}$ 分别为反应物与生成物之比例常数。当时间为 t 时，蔗糖的浓度为 c_A，此时旋光度 α_t 为

$$\alpha_t = K_{反} c_A + K_{生}(c_{A,0} - c_A) \tag{3-8}$$

式（3-6），（3-7），（3-8）联立可解得

$$c_{A,0} = \frac{\alpha_0 - \alpha_\infty}{K_{反} - K_{生}} = K(\alpha_0 - \alpha_\infty) \tag{3-9}$$

$$c_A = \frac{\alpha_t - \alpha_\infty}{K_{反} - K_{生}} = K(\alpha_t - \alpha_\infty) \tag{3-10}$$

式（3-9），（3-10）代入式（3-8）即

$$\lg(\alpha_t - \alpha_\infty) = \frac{-kt}{2.303} + \lg(\alpha_0 - \alpha_\infty) \tag{3-11}$$

由式可以看出，若以 $\lg(\alpha_t-\alpha_\infty)$ 对 t 作图为一直线，从直线的斜率可求得反应速度常数 k。

【仪器与试剂】

仪器：旋光仪 1 台，超级恒温水浴 1 套（如需恒温），150ml 锥形瓶 1 只，50ml 量筒 1 支。

试剂：蔗糖水溶液（20%），HCl（2mol/L）。若室温在 15℃ 以下用 4mol/L HCl。

【实验内容】

1. 用蒸馏水校正仪器的零点　蒸馏水为非旋光性物质，可用以校正仪器的零点（即 $\alpha=0$ 时仪器对应的刻度），校正时，先洗净样品管，将管的一端加上盖子，并向管内灌满蒸馏水使液体形成凸液面，然后在管的另一端盖上玻璃片，再旋上套盖，勿使漏水，有气泡时应排在样品管凸肚处，用滤纸将样品管擦干，再用擦镜纸将样品管两端的玻璃片擦净，然后将其放入旋光仪内。打开光源，调整目镜聚焦，使视野清楚，旋转检偏镜至观察到三分视野暗度相等为止。记下检偏镜的旋光角 α，重复测量数次取平均值，即为仪器零点。

2. 蔗糖转化反应及反应过程旋光度的测定　将恒温槽和旋光仪外面的恒温套箱调节到所需的反应温度。用量筒量取 20% 的蔗糖溶液 30ml，再量取 2mol/L 盐酸溶液 30ml，将此盐酸溶液迅速倾入蔗糖溶液中，在盐酸倒出一半时开始计时，摇匀。迅速用少量反应液荡洗样品管两次，装满样品管，盖好盖子并擦净，立即放入旋光仪，测量各时间的旋光度。第一个数据要求离反应开始时间 1~2 分钟内，测量时将三分视野调节暗度相等后，先记录时间，再读取旋光度。

反应开始的 30 分钟内每 5 分钟测量一次，以后间隔 10 分钟测量，连续测量 1 小时。

3. α_∞ 的测量　在进行上述操作的空隙时间里，将锥形瓶中剩余溶液置于 50~60℃ 的水浴内加热 30 分钟，使其快速反应，然后冷却至实验温度，测其旋光度即为 α_∞ 值。注意水浴温度不可过高，否则将产生副反应，颜色变黄。同时要避免溶液蒸发影响浓度，可在锥形瓶上加一回流管，以免造成 α_∞ 值的偏差。

实验结束后，必须洗净样品管，同时做好旋光仪的保洁。

【数据记录与处理】

1. 将时间 t，旋光度 α_t 列表，取 8 个 α_t 数值，并算出相应的 $(\alpha_t-\alpha_\infty)$ 和 $\lg(\alpha_t-\alpha_\infty)$ 的数值。

2. 以 $\lg(\alpha_t-\alpha_\infty)$ 对 t 作图，由直线斜率求出反应速率常数 k，并计算反应的半衰期 $t_{1/2}$。

【思考题】

1. 实验中，用蒸馏水来校正旋光仪零点，问蔗糖水解过程所测的旋光度是否需要零点校正？为什么？

2. 在混合蔗糖溶液和盐酸溶液时，是将盐酸溶液加到蔗糖溶液里去，可否把蔗糖加到盐酸溶液中去？为什么？

实验 27　电导法测定弱电解质的电离平衡常数

【实验目的】

1. 掌握电导法测定醋酸的电离常数的原理。

2. 学会使用电导（率）仪。

【实验原理】

醋酸在水中电离，其平衡常数 K_c 为

$$K_C = \frac{C_{H^+} \cdot C_{AC}}{C_{HAC}} = \frac{c\alpha \cdot c\alpha}{c(1-\alpha)} = \frac{c \cdot \alpha^2}{1-\alpha} \tag{3-12}$$

电解质的电离度 α 应等于溶液在浓度为 c 时的摩尔电导率 Λ_m 和溶液在无限稀释时的摩尔电导率 Λ_m^{∞} 之比，即：

$$\alpha = \frac{\Lambda_m}{\Lambda_m^{\infty}} \qquad (3-13)$$

将式（3-13）代入式（3-12），得

$$K_C = \frac{c \cdot \Lambda_m^2}{\Lambda_m^{\infty}(\Lambda_m^{\infty} - \Lambda_m)} \qquad (3-14)$$

式中，Λ_m^{∞} 可根据柯尔劳施定律，由离子的无限稀释摩尔电导计算得到，如 25℃ 时，$\Lambda_m^{\infty}(HAc) = \Lambda_m^{\infty}(H^+) + \Lambda_m^{\infty}(Ac^-) = (349.8 + 40.9) \times 10^{-4} = 390.7 \times 10^{-4}$ s·m²/mol，而 Λ_m 可由下式求出：

$$\Lambda_m = \frac{\kappa}{c} \qquad (3-15)$$

式中，c 为溶液的浓度（单位为 mol/m³），κ 为该浓度时电解质溶液的电导率(s/m)，Λ_m 单位为(s·m²/mol)。只要测得电导率 κ 之后，就可以求得 Λ_m 和 K_C。

将电解质溶液放入两平行电极之间，若两电极的面积均为 A，距离为 l，这时中间溶液的电导

$$L = \kappa \frac{A}{l} = \frac{\kappa}{K} \qquad (3-16)$$

$K = \dfrac{l}{A}$，对于一定的电导池为一常数，称电池常数（m^{-1}）。

【仪器与试剂】

1. 仪器　电导率仪 1 台，恒温水浴 1 套，试管 5 支。

2. 试剂　HAc 溶液（0.01、0.0125、0.025、0.05、0.1mol/L）。

【实验内容】

1. 调节恒温水浴温度为 25℃ ±0.01℃。

2. 在容量瓶中配置浓度为 0.01mol/L、0.0125mol/L、0.025mol/L、0.05mol/L 及 0.10mol/L 醋酸溶液各 25ml。将所配制的溶液分别加入 5 支试管中，并置于水浴中恒温。

3. 调好电导率仪，调好电池常数。

4. 用少量待测的醋酸溶液清洗电极三次，从稀到浓，顺序测量已恒温 10 分钟的 HAc 溶液的电导率，每个样品测 3 次，取平均值。

5. 关闭仪器，切断电源，洗净电极，将电极浸入蒸馏水放置好。

【数据记录与处理】

将实验所测数据记录并进行处理，结果填入表 3-11 中。

表 3-11　电导法测定 HAc 的电导率和 K_c

实验温度____℃，电池常数____ m^{-1}。

醋酸浓度 （mol/L）	电导率 κ （s/m）	摩尔电导 Λ_m （s·m²/mol）	电离度 α	电离常数 K_c	平均 K_c

【注意事项】

（1）HAc 溶液浓度一定要配制准确。

（2）使用铂电极不能碰撞，不要直接冲洗铂黑，不用时应浸在蒸馏水中。

（3）盛被测液的容器必须清洁，无其他电解质沾污。

【思考题】

水的纯度对测定有何影响？

实验 28　电导法测定乙酸乙酯皂化反应的速率常数

【实验目的】

1. 测定乙酸乙酯皂化反应速率常数，了解反应活化能的测定方法；

2. 了解二级反应的特点，学会用图解计算法求出二级反应的速率常数及反应活化能的方法。

【实验原理】

乙酸乙酯的皂化是双分子反应。

$$CH_3COOC_2H_5 + NaOH \longrightarrow CH_3COONa + C_2H_5OH$$

在反应过程中，各物质浓度随时间而改变，为简便起见，使两种反应物的初始浓度相同，均为 c_0。设反应到 t 时刻时 CH_3COONa 和 C_2H_5OH 的浓度为 x，则反应物 $CH_3COOC_2H_5$ 和 $NaOH$ 的浓度应为 $(c_0 - x)$，即：

$$CH_3COOC_2H_5 + NaOH \longrightarrow CH_3COONa + C_2H_5OH$$

$t = 0$	c_0	c_0	0	0
$t = t$	$(c_0 - x)$	$(c_0 - x)$	x	x
$t = \infty$	0	0	$x \to c_0$	$x \to c_0$

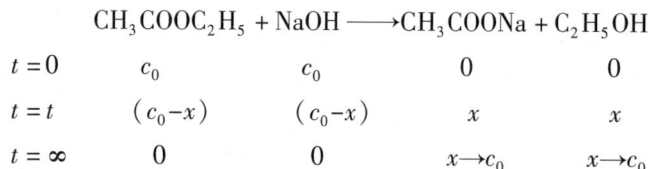

因为是二级反应，所以反应速率可表示为：

$$\frac{\mathrm{d}x}{\mathrm{d}t} = k(c_0 - x)(c_0 - x) = k(c_0 - x)^2 \tag{3-17}$$

积分得

$$kt = \frac{x}{c_0(c_0 - x)} \tag{3-18}$$

式中，k 为速率常数，c_0 已知，所以只要测出 t 和 x 的值，便可求出 k 值。

本实验中用测量溶液的电导率的方法来测量溶液中 x 变化。溶液中参与导电的离子有 Na^+、OH^-、CH_3COO^-，而 Na^+ 反应前后浓度不变，OH^- 的电导率比 CH_3COO^- 的电导率大得多，随着反应的进行，OH^- 不断减少，CH_3COO^- 不断增加，所以，体系的电导率值会不断下降。

显然，体系电导率值的减少量和 CH_3COONa 的浓度 x 成正比，即

$t = 0$	$x = \kappa L_0$	(3-19)
$t = t$	$x = \kappa(L_0 - L_t)$	(3-20)
$t = \infty$	$x = \kappa(L_0 - L_\infty)$	(3-21)

式中，L_0 为起始电导率；L_t 为 t 时刻时的电导率，L_∞ 为 $t \to \infty$ 时的电导率，κ 为比例常数。

将式（3-19），（3-20）代入式（3-17）得

$$kt = \frac{k(L_0 - L_t)}{c_0 k [(L_0 - L_\infty) - (L_0 - L_\infty)]} = \frac{(L_0 - L_t)}{c_0(L - L_\infty)}$$

或可写为：

$$c_0 kt = \frac{(L_0 - L_t)}{(L_t - L_\infty)}$$

$$L_t = \frac{1}{c_0 kt}(L_0 - L_t) + L_\infty \tag{3-22}$$

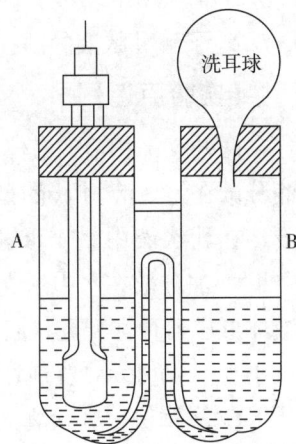

图3-4　双管电导池示意

测定 L_0 及不同反应时间的 L_t，以 L_t 对 $(L_0 - L_t)/t$ 作图得一直线，直线的斜率就是反应速率常数值 k 和初始浓度 c_0 的乘积，k 的单位为 $L/(min \cdot mol)$。

依据同样方法，测量两个不同温度下的 k，由 Arrlhenius 公式可计算反应的活化能 E。

$$\ln \frac{K_2}{K_1} = \frac{E}{R}\left[\frac{T_1 - T_2}{T_1 T_2}\right]$$

【仪器与试剂】

1. 仪器　电导率仪，恒温槽，双管电导池，秒表。

2. 试剂　NaOH（0.02mol/L，新鲜配制），NaOH（0.01mol/L，新鲜配制），$CH_3COOC_2H_5$（0.02mol/L，新鲜配制）

【实验内容】

1. 调温　调节恒温槽温度为 25℃ ±0.01℃。

2. 电导率仪的调节和使用　开启电源，将电池常数调至与电极所标示的数值一致。

3. L_0 的测量　将 0.01mol/L NaOH 装入干净的电导池 A 管，然后把用蒸馏水洗净的电极，用待测液冲洗 2~3 次，浸入溶液中恒温 10 分钟，然后接通电导仪，测定其电导率，即为 L_0。测量每种溶液的电导率前后，必须用蒸馏水和所测溶液洗涤铂黑电极和电导池。

4. L_t 的测量　将铂黑电极洗净并浸入盛有蒸馏水的粗试管中，并置于恒温槽中恒温，再将洗净的电导池的 A、B 两管用电吹风吹干，用吸量管分别取 20ml 0.02mol/L NaOH 和 0.02mol/L $CH_3COOC_2H_5$ 溶液分别置于 A、B 两只管中，待恒温 10 分钟后用洗耳球混合，同时记录反应时间。将恒温过的铂黑电极，插入 A 管中，每 5 分钟测量一次溶液的电导率，半小时后每 10 分钟测量一次，反应到 1 小时后停止。

反应完毕后倾去反应液，电导池用蒸馏水洗净，重新测量 L_0 看是否与反应前的测量一致，实验完毕后将铂黑电极洗净并浸入蒸馏水中。

5. 重复　同样方法，重复 30℃ 的反应。

【数据记录与处理】

1. 以 L_t 对 t 作图将曲线外推至 $t = 0$ 求 L_0，与测得的 L_0 作比较。

2. 将 t、L_t、$L_0 - L_t$、$(L_0 - L_t)/t$ 制成数据表。

3. 以 L_t 对 $(L_0 - L_t)/t$ 作图由斜率求出 k。

4. 求活化能 E。

【思考题】

1. 为什么反应物的浓度要相等？如果反应物的浓度不等，应怎样计算？

2. 被测溶液的电导能力，是哪些离子的作用？在皂化过程中电导为什么会有变化？

实验 29 乳状液的制备与性质

【实验目的】

1. 掌握乳状液及其鉴别方法。
2. 了解乳状液的制备原理。

【实验原理】

两种互不相溶的液体（如苯和水），在有乳化剂存在的条件下一起振荡时，一个液相会被粉碎成液滴分散在另一液相中形成稳定的乳状液。被粉碎成的液滴称为分散相，另一相称为分散介质。一般情况下，在乳状液中一个液相为水或水溶液，统称为"水"，另一个液相为不溶于水的有机物，统称为"油"。油分散在水中形成的乳状液，称水包油型（油/水型）。反之，称为油包水型（水/油型）。两种液体形成何种类型乳状液，这主要与形成乳状液时所添加的乳化剂的性质有关。乳状液中分散相离子的大小为 $1 \sim 50\mu m$。鉴别乳状液类型的方法主要有以下三种。

1. 稀释法 乳状液能被外相液体相同的液体所稀释。

2. 导电法 水相中一般都含有离子，故其导电能力比油相大得多。当水为分散介质，外相是连续的，则乳状液的导电能力大。反之，油为分散介质，水为内相，内相是不连续的，乳状液的导电能力很小。若将两个电极插入乳状液，接通直流电源，并串联电流表，则电流表指针显著偏转为油/水型乳状液，若电流计指针几乎不偏转，为水/油型乳状液。

3. 染色法 选择一种能溶于乳状液中两个液相中的一个液相的染料加入乳状液中。

常用的破乳方法如下。

1. 加入适量的破乳剂 破乳剂通常是反型乳化剂。

2. 加入电解质 不同电解质可以产生不同作用。一般来说，在油/水型乳状液中加入电解质，可减薄分散相液滴表面的水化层，降低乳状液稳定性。

3. 替代 用不能生成牢固的保护膜的表面活性物质来替代原来的乳化剂。

4. 加热 升高温度使乳化剂在界面上的吸附量降低，在界面上的乳化剂层减薄，降低了界面吸附层的机械强度。此外温度升高，降低了介质的黏度，增强了布朗运动。因此，减少了乳状液的稳定性，有利于乳状液的破坏。

5. 电场作用 在高压电场作用下，使荷电分散相变形，彼此连接合并，使分散度下降，造成乳状液的破坏。

【仪器与试剂】

1. 仪器 50ml 具塞锥形瓶，大试管，25ml 量筒，100ml 烧杯，4cm 培养皿，小滴管，1 号电池，毫安表，电极。

2. 试剂 苯（分析纯），油酸钠水溶液（1% 及 5%），油酸镁苯溶液（2%），HCl（3mol/L），$MgCl_2$ 水溶液（0.25mol/L），饱和 NaCl 水溶液，苏丹Ⅲ，苯溶液，亚甲基蓝水溶液。

【实验内容】

1. 乳状液的制备 在具塞锥形瓶中加入 15ml 1% 油酸钠水溶液，然后分次加 15ml 苯（每次约加入 1ml），每次加入苯后都要剧烈摇动，直至看不到分层的苯相，得Ⅰ型乳状液。

在另一具塞锥形瓶中加入 10ml 2% 油酸镁苯溶液，然后分次加 10ml 水（每次约加入 1ml），每次加入水后剧烈摇动，直至看不到分层的水。得Ⅱ型乳状液。

2. 乳状液的类型鉴别

（1）稀释法　分别用小滴管将几滴Ⅰ型和Ⅱ型乳状液滴入盛有净水的烧杯中观察现象。

（2）染色法　取两支干净的试管，分别加入 1～2ml Ⅰ型和Ⅱ型乳状液，向每支试管中加入 1 滴苏丹Ⅲ溶液，振荡，观察现象。同样操作加 1 滴亚甲基蓝溶液，振荡，观察现象。

（3）导电法　取两个干净培养皿，分别加入少许Ⅰ型和Ⅱ型乳状液，按图 3-5 连接线路，依次鉴别两种乳状液的类型（或用电导仪分别测两种乳状液，观察其电导值，鉴别乳状液的类型）。

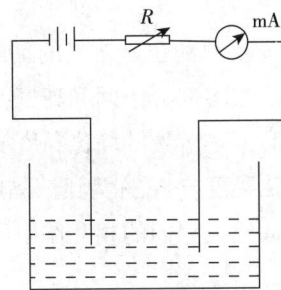

图 3-5　导电法鉴别乳状液的类型

3. 乳状液的破坏和转相

（1）取Ⅰ型和Ⅱ型乳状液各 1～2ml，分别放在两支试管中，逐滴加入 3mol/L HCl 溶液，观察现象。

（2）取Ⅰ型和Ⅱ型乳状液各 1～2ml，分别放在两支试管中，在水浴中加热，观察现象。

（3）取 2～3ml Ⅰ型乳状液于试管中，逐滴加入 0.25mol/L $MgCl_2$ 溶液，每加一滴剧烈摇动，注意观察乳状液的破坏和转相（是否转相用稀释法，下同）。

（4）取 2～3ml Ⅰ型乳状液于试管中，逐滴加入饱和 NaCl 溶液，剧烈振荡，观察乳状液有无破坏和转相。

（5）取 2～3ml Ⅱ型乳状液于试管中，逐滴加入 5% 油酸钠水溶液，每加一滴剧烈摇动，观察乳状液有无破坏和转相。

【数据记录与处理】

用表格记录，整理实验所观察的现象，讨论分析原因。

【思考题】

1. 在乳状液制备中为什么要激烈振荡？
2. 乳状液的稳定性主要取决于什么？

实验 30　黏度法测定水溶性高聚物的摩尔质量

【实验目的】

1. 掌握用乌氏（Ubbelohde）黏度计测定高聚物溶液黏度的原理和方法。
2. 测定高聚物聚乙烯醇的黏均摩尔质量。

【实验原理】

单体分子经加聚或缩聚过程便可合成高聚物。并非高聚物每个分子的大小都相同，即聚合度不一定相同，所以高聚物的摩尔质量是一个统计平均值。对于聚合和解聚过程的机制和动力学的研究，以及为了改良和控制高聚物产品的性能，高聚物摩尔质量是必须掌握的重要数据之一。

高聚物溶液的特点是黏度特别大，原因在于其分子链长度远大于溶剂分子，加上溶剂化作用，使其在流动时受到较大的内摩擦阻力。

黏性液体在流动过程中，必须克服内摩擦阻力而做功。其所受阻力的大小可用黏度系数 η（简称黏度）来表示[kg/(m·s)]。

高聚物稀溶液的黏度是液体流动时内摩擦力大小的反映。纯溶剂黏度反映了溶剂分子间的内摩擦力，记作 η_0，高聚物溶液的黏度则是高聚物分子间的内摩擦、高聚物分子与溶剂分子间的内摩擦以及 η_0 三者之和。在相同温度下，通常 $\eta > \eta_0$，相对于溶剂，溶液黏度增加的分数称为增比黏度，记作 η_{sp}，即

$$\eta_{sp} = (\eta - \eta_0)/\eta_0$$

而溶液黏度与纯溶剂黏度的比值称作相对黏度，记作 η_r，即

$$\eta_r = \eta/\eta_0$$

η_r 反映的也是溶液的黏度行为，而 η_{sp} 则意味着已扣除了溶剂分子间的内摩擦效应，仅反映了高聚物分子与溶剂分子间和高聚物分子间的内摩擦效应。

高聚物溶液的增比黏度 η_{sp} 往往随质量浓度 c 的增加而增加。为了便于比较，将单位浓度下所显示的增比黏度 η_r/c 称为比浓黏度，而 $\ln\eta_r/c$ 则称为比浓对数黏度。当溶液无限稀释时，高聚物分子彼此相隔甚远，它们的相互作用可忽略，此时有关系式

$$\lim_{c \to 0} \frac{\eta_{sp}}{c} = \lim_{c \to 0} \frac{\ln\eta_r}{c} = [\eta]$$

$[\eta]$ 称为特性黏度，它反映的是无限稀释溶液中高聚物分子与溶剂分子间的内摩擦，其值取决于溶剂的性质及高聚物分子的大小和形态。由于 η_r 和 η_{sp} 均是无因次量，所以 $[\eta]$ 的单位是质量浓度 c 单位的倒数。

在足够稀的高聚物溶液中，η_{sp}/c 与 c 和 $\ln(\eta_{sp}/c)$ 与 c 之间分别符合下述经验关系式：

$$\eta_{sp}/c = [\eta] + k[\eta]^2 \cdot c$$

$$\ln(\eta_{sp}/c) = [\eta] - \beta[\eta]^2 \cdot c$$

上两式中 κ 和 β 和卢分别称为 Huggins 和 Kramer 常数。这是两直线方程，通过 η_{sp}/c 对 c 或 $\ln(\eta_{sp}/c)$ 对 c 作图，外推至 c = 0 时所得截距即为 $[\eta]$。显然，对于同一高聚物，由两线性方程作图外推所得截距交于同一点，如图 3-6 所示。

高聚物溶液的特性黏度 $[\eta]$ 与高聚物摩尔质量之间的关系，通常用带有两个参数的 Mark-Houwink 经验方程式来表示：

$$[\eta] = K \cdot \overline{M_\eta^\alpha}$$

式中，$\overline{M_\eta^\alpha}$ 是黏均摩尔质量，K、α 是与温度、高聚物及溶剂的性质有关的常数，只能通过一些绝对实验方法（如膜渗透压法、光散射法等）确定，聚乙烯醇水溶液在 25℃ 时 $K = 2 \times 10^{-2}$，$\alpha = 0.76$；在 30℃ 时 $K = 6.66 \times 10^{-2}$，$\alpha = 0.64$。

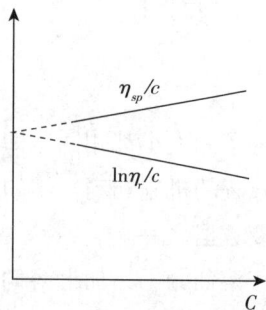

图 3-6　外推法求特性黏度图

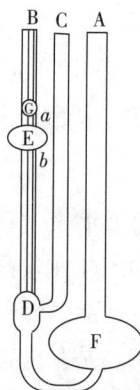

图 3-7　乌氏黏度计

本实验采用毛细管法测定黏度，通过测定一定体积的液体流经一定长度和半径的毛细管所需时间而获得。本实验使用的乌氏黏度计如图 3-7 所示。当液体在重力作用下流经毛细管时，其遵守 Poiseuille 定律：

$$\eta = \frac{\pi P r^4 t}{8lV} = \frac{\pi \rho g h r^4 t}{8lV}$$

式中，$\eta[kg/(m \cdot s)]$ 为液体的黏度；$P[kg/(m \cdot s)]$ 为当液体流动时在毛细管两端间的压力差（即是液体密度 ρ，重力加速度 g 和流经毛细管液体的平均液柱高度 h 这三者的乘积）；$r(m)$ 为毛细管的半径；$V(m^3)$ 为流经毛细管的液体体积；$t(s)$ 为 V 体积液体的流出时间；$l(m)$ 为毛细管的长度。

用同一黏度计在相同条件下测定两个液体的黏度时，它们的黏度之比就等于密度与流出时间之比

$$\frac{\eta_1}{\eta_2} = \frac{P_1 t_1}{P_2 t_2} = \frac{\rho_1 t_1}{\rho_2 t_2}$$

如果用已知黏度 η_1 的液体作为参考液体，则待测液体的黏度 η_2 可通过上式求得。

在测定溶剂和溶液的相对黏度时，如溶液的浓度不大（$c < 10kg/m^3$），溶液的密度与溶剂的密度可近似地看作相同，故 $\eta_r = \frac{\eta}{\eta_0} = \frac{t}{t_0}$，所以只需测定溶液和溶剂在毛细管中的流出时间就可得到 η_r。

【仪器与试剂】

1. 仪器 恒温槽，乌氏黏度计，50ml 具塞锥形瓶，洗耳球，5ml 移液管，10ml 移液管，细乳胶管，弹簧夹，恒温槽夹，吊锤，25ml 容量瓶，秒表（0.1s）。

2. 试剂 聚乙烯醇（分析纯）。

【实验内容】

1. 调温 将恒温水槽调至 25℃。

2. 溶液配制 准确称取聚乙烯醇 0.5g（称准至 0.001g）于 100ml 具塞锥形瓶中，加入约 60ml 蒸馏水溶解，因不易溶解，可在 60℃ 水浴中加热数小时，待其颗粒膨胀后，放在电磁搅拌器上加热搅拌，加速其溶解，溶解后，小心转移至 100ml 容量瓶中，将容量瓶置入恒温水槽内，加蒸馏水稀释至刻度（或由教师准备）。

3. 测定溶剂流出时间 t_0 将黏度计垂直夹在恒温槽内，用吊锤检查是否垂直。将 20ml 纯溶剂自 A 管注入黏度计内，恒温数分钟，夹紧 C 管上联结的乳胶管，同时在连接 B 管的乳胶管上接洗耳球慢慢抽气，待液体升至 G 球的 1/2 左右即停止抽气，打开 C 管乳胶管上夹子使毛细管内液体同 D 球分开，用停表测定液面在 a、b 两线间移动所需时间。重复测定 3 次，每次相差不超过 0.3 秒，取平均值。

4. 测定溶液流出时间 t 取出黏度计，倒出溶剂，吹干。用移液管吸取 15ml 已恒温的高聚物溶液，同上法测定流经时间。再用移液管加入 5ml 已恒温的溶剂，用洗耳球从 C 管鼓气搅拌并将溶液慢慢地抽上流下数次使之混合均匀，再如上法测定流经时间。同样，依次再加入 5ml、10ml、20ml 溶剂，逐一测定溶液的流经时间。

实验结束后，将溶液倒入回收瓶内，用溶剂仔细冲洗黏度计 3 次，最后用溶剂浸泡，备下次用。

【数据记录与处理】

1. 按表 3 - 12 记录并计算各种数据。

表 3 - 12 实验数据记录

编号	1	2	3	4	5	6
溶液量/ml						
溶剂量/ml						
溶液浓度						
t_1						
t_2						
t_3						
t（平均）						
η_r						
η_{sp}						

续表

编号	1	2	3	4	5	6
$\ln\eta_r$						
$\ln\eta_r/c$						
$\ln\eta_{sp}/c$						
$[\eta]$			M_η			

2. 以 $\ln\eta_{sp}/c$ 及 η_{sp}/c 分别对 C 作图，作线性外推至 $c\rightarrow0$ 求 $[\eta]$。

3. 取常数 κ、α 值，计算出聚乙烯醇的黏均摩尔质量 $\overline{M_\eta}$。

【注意事项】

1. 黏度计必须洁净，如毛细管壁上挂水珠，需用洗液浸泡。

2. 高聚物在溶剂中溶解缓慢，配制溶液时必须保证其完全溶解否则会影响溶液起始浓度，而导致结果偏低。

3. 本实验中溶液的稀释是直接在黏度计中进行的，所用溶剂必须先在与溶液所处同一恒温槽中恒温，然后用移液管准确量取并充分混合均匀方可测定。

4. 测定时黏度计要垂直放置，否则影响结果的准确性。

【思考题】

1. 乌氏黏度计中的支管 C 的作用是什么？能否去除 C 管改为双管黏度计使用？为什么？

2. 在测定流出时间时，C 管的夹子忘记打开了，所测的流出时间正确吗？为什么？

3. 黏度计为何必须垂直，为什么总体积对黏度测定没有影响？

实验 31　离心泵特性曲线测定

【实验目的】

1. 掌握离心泵特性曲线测定方法。

2. 了解离心泵结构与特性，熟悉离心泵的使用；电动调节阀的工作原理和使用方法。

【实验原理】

离心泵的特性曲线是选择和使用离心泵的重要依据之一，其特性曲线是在恒定转速下泵的扬程 H、轴功率 N 及效率 η 与泵的流量 Q 之间的关系曲线，它是流体在泵内流动规律的宏观表现形式。由于泵内部流动情况复杂，不能用理论方法推导出泵的特性关系曲线，只能依靠实验测定。

1. 扬程 H 的测定与计算　取离心泵进口真空表和出口压力表处为 1、2 两截面，列机械能衡算方程：

$$z_1 + \frac{p_1}{\rho g} + \frac{u_1^2}{2g} + H_e = z_2 + \frac{p_2}{\rho g} + \frac{u_2^2}{2g} + \sum H_f$$

由于两截面间的管长较短，通常可忽略阻力项 $\sum h_f$，速度平方差也很小故可忽略，则有

$$H_e = (z_2 - z_1) + \frac{p_2 - p_1}{\rho g} = H_0 + H_1(表压) + H_2$$

式中，$H_0 = z_2 - z_1$，表示泵出口和进口间的位差（m）；ρ 为流体密度（kg/m³）；g 为重力加速度（m/s²）；p_1、p_2 为分别为泵进、出口的真空度和表压（Pa）；H_1、H_2 分别为泵进、出口的真空度和表压对应的压头（m）；u_1、u_2 分别为泵进、出口的流速（m/s）；z_1、z_2 分别为真空表、压力表的安装高度（m）。

由上式可知，只要直接读出真空表和压力表上的数值，及两表的安装高度差，就可计算出泵的扬程。

2. 轴功率 N 的测量与计算

$$N = N_{电} \times k (\text{W})$$

其中，N电为电功率表显示值，k 代表电机传动效率，可取 $k = 0.95$。

3. 效率 η 的计算　泵的效率 η 是泵的有效功率 Ne 与轴功率 N 的比值。有效功率 Ne 是单位时间内流体经过泵时所获得的实际功，轴功率 N 是单位时间内泵轴从电机得到的功，两者差异反映了水力损失、容积损失和机械损失的大小。

泵的有效功率 Ne 可用下式计算：$N_e = HQ\rho g$

故泵效率为：$\eta = \dfrac{HQ\rho g}{N} \times 100\%$

4. 转速改变时的换算　泵的特性曲线是在定转速下的实验测定所得。但是，实际上感应电动机在转矩改变时，其转速会有变化，这样随着流量 Q 的变化，多个实验点的转速 n 将有所差异，因此在绘制特性曲线之前，须将实测数据换算为某一定转速 n' 下（可取离心泵的额定转速 2900r/min）的数据。换算关系如下：

$$流量\ Q' = Q\,\frac{n'}{n}$$

$$扬程\ H' = H\left(\frac{n'}{n}\right)^2$$

$$轴功率 N' = N\left(\frac{n'}{n}\right)^3$$

$$效率 \eta' = \frac{Q'H'\rho g}{N'} = \frac{QH\rho g}{N} = \eta$$

【实验装置与流程】

离心泵特性曲线测定装置如图 3 – 8 所示。

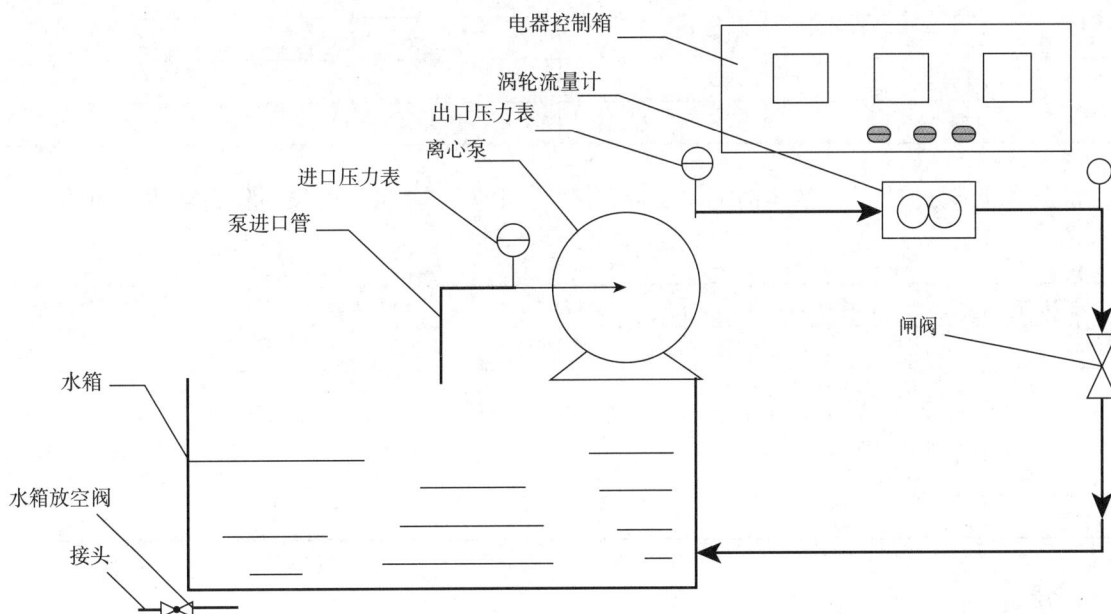

图 3 – 8　离心泵特性曲线测定装置流程示意图

【实验内容】

1. 清洗水箱，并加装实验用水。给离心泵灌水，排出泵内气体。

2. 检查电源和信号线是否与控制柜连接正确，检查各阀门开度和仪表自检情况，试开状态下检查电机和离心泵是否正常运转。

3. 实验时，逐渐打开调节阀以增大流量，待各仪表读数显示稳定后，读取相应数据。（离心泵特性实验部分，主要获取实验参数为：流量 Q、泵进口压力 p_1、泵出口压力 p_2、电机功率 N、泵转速 n，及流体温度 t 和两测压点间高度差 H_0）。

4. 测取 10 组左右数据后，可以停泵，同时记录下设备的相关数据（如离心泵型号、额定流量、扬程和功率等）。

【注意事项】

1. 一般每次实验前，均需对泵进行灌泵操作，以防止离心泵气缚。同时注意定期对泵进行保养，防止叶轮被固体颗粒损坏。

2. 泵运转过程中，勿触碰泵主轴部分，因其高速转动，可能会缠绕并伤害身体接触部位。

【数据记录与处理】

1. 记录实验原始数据如下表所示。

实验日期实验人员：　　学号：　　装置号：　　离心泵型号 =　　，额定流量 =　　，

额定扬程 =　　，额定功率 =　　，泵进出口测压点高度差 H_0 =　　，流体温度 t =

实验次数	流量 Q(m³/h)	泵进口压力 p₁/(kPa)	泵出口压力 p₂/(kPa)	电机功率 N电/(kW)	泵转速 n/(r/m)

2. 根据原理部分的公式，按比例定律校合转速后，计算各流量下的泵扬程、轴功率和效率，如下表所示。

实验次数	流量 Q（m³/h）	扬程 H（m）	轴功率 N（kW）	泵效率 η%

【思考题】

1. 试从所测实验数据分析，离心泵在启动时为什么要关闭出口阀门？

2. 启动离心泵之前为什么要引水灌泵？如果灌泵后依然启动不起来，你认为可能的原因是什么？

3. 为什么用泵的出口阀门调节流量？这种方法有什么优缺点？是否还有其他方法调节流量？

4. 泵启动后，出口阀如果不开，压力表读数是否会逐渐上升？为什么？

5. 正常工作的离心泵，在其进口管路上安装阀门是否合理？为什么？

6. 试分析，用清水泵输送密度为 1200kg/m 的盐水，在相同流量下你认为泵的压力是否变化？轴功率是否变化？

实验 32 流体流动阻力的测定

【实验目的】

1. 掌握测定流体流经光滑管、粗糙管或带有局部阻力的管路时，流体流动阻力的一般实验方法。

2. 测定直管摩擦系数 λ 与雷诺准数 Re 的关系，验证在一般湍流区内 λ 与 Re 的关系曲线；测定流体流经管件、阀门时的局部阻力系数。

3. 学会倒 U 形压差计和涡轮流量计的使用方法。

【实验原理】

流体通过由直管、管件（如三通和弯头等）和阀门等组成的管路系统时，由于黏性剪应力和涡流应力的存在，要损失一定的机械能。流体流经直管时所造成机械能损失称为直管阻力损失。流体通过管件、阀门时因流体运动方向和速度大小改变所引起的机械能损失称为局部阻力损失。

1. 直管阻力摩擦系数 λ 的测定 流体在水平等径直管中稳定流动时，阻力损失为：

$$h_f = \frac{\Delta p_f}{\rho} = \frac{p_1 - p_2}{\rho} = \lambda \frac{l}{d} \frac{u^2}{2}$$

即，

$$\lambda = \frac{2d\Delta p_f}{\rho l u^2}$$

式中，λ 为直管阻力摩擦系数，无因次量；d 为直管内径（m）；Δp_f 为流体流经 1 米直管的压力降（Pa）；h_f 为单位质量流体流经 l 米直管的机械能损失（J/kg）；ρ 为流体密度（kg/m³）；l 为直管长度（m）；u 为流体在管内流动的平均流速（m/s）。

滞流（层流）时，

$$\lambda = \frac{64}{Re}$$

$$Re = \frac{du\rho}{\mu}$$

式中，Re 为雷诺准数，无因次量；μ 为流体黏度 [kg/（m·s）]。

湍流时 λ 是雷诺准数 Re 和相对粗糙度（ε/d）的函数，须由实验确定。

欲测定 λ，需确定 l、d，测定、u、ρ、μ 等参数。l、d 为装置参数（装置参数表格中给出），ρ、μ 通过测定流体温度，再查有关手册而得，u 通过测定流体流量，再由管径计算得到。

例如本装置采用涡轮流量计测流量 V（m³/h）。

$$u = \frac{V}{900\pi d^2}$$

可用 U 形管、倒置 U 形管、测压直管等液柱压差计测定，或采用差压变送器和二次仪表显示。

（1）当采用倒置 U 型管液柱压差计时

$$\Delta p_f = \rho g R$$

式中，R 为水柱高度（m）。

（2）当采用 U 形管液柱压差计时

$$\Delta p_f = (\rho_0 - \rho) g R$$

式中，R 为液柱高度（m）；ρ_0 为指示液密度（kg/m³）。

根据实验装置结构参数 l、d，指示液密度，流体温度 t_0（查流体物性 ρ、μ），及实验时测定的流量 V、液柱压差计的读数 R，通过式求取 Re 和 λ，再将 Re 和 λ 标绘在双对数坐标图上。

2. 局部阻力系数 ξ 的测定　局部阻力损失通常有两种表示方法，即当量长度法和阻力系数法。

（1）当量长度法　流体流过某管件或阀门时造成的机械能损失看作与某一长度为 l_e 的同直径的管道所产生的机械能损失相当，此折合的管道长度称为当量长度，用符号 l_e 表示。这样，就可以用直管阻力的公式来计算局部阻力损失，而且在管路计算时可将管路中的直管长度与管件、阀门的当量长度合并在一起计算，则流体在管路中流动时的总机械能损失 $\sum h_f$ 为：

$$\sum h_f = \lambda \frac{l + \sum l_e}{d} \frac{u^2}{2}$$

（2）阻力系数法　流体通过某一管件或阀门时的机械能损失表示为流体在小管径内流动时平均动能的某一倍数，局部阻力的这种计算方法，称为阻力系数法。即：

$$h'_f = \frac{\Delta p'_f}{\rho g} = \xi \frac{u^2}{2}$$

故

$$\xi = \frac{2\Delta p'_f}{\rho g u^2}$$

式中，ξ 为局部阻力系数，无因次量；$\Delta p'_f$ 为局部阻力压强降（Pa）（本装置中，所测得的压降应扣除两测压口间直管段的压降，直管段的压降由直管阻力实验结果求取）；ρ 为流体密度（kg/m³）；g 为重力加速度（9.81m/s²）；u 为流体在小截面管中的平均流速（m/s）。

待测的管件和阀门由现场指定。本实验采用阻力系数法表示管件或阀门的局部阻力损失。

根据连接管件或阀门两端管径中小管的直径 d，指示液密度 ρ_0，流体温度 t_0（查流体物性 ρ、μ），及实验时测定的流量 V、液柱压差计的读数 R，求取管件或阀门的局部阻力系数 ξ。

【实验装置与流程】

1. 实验装置　实验装置如图 3-9 所示。

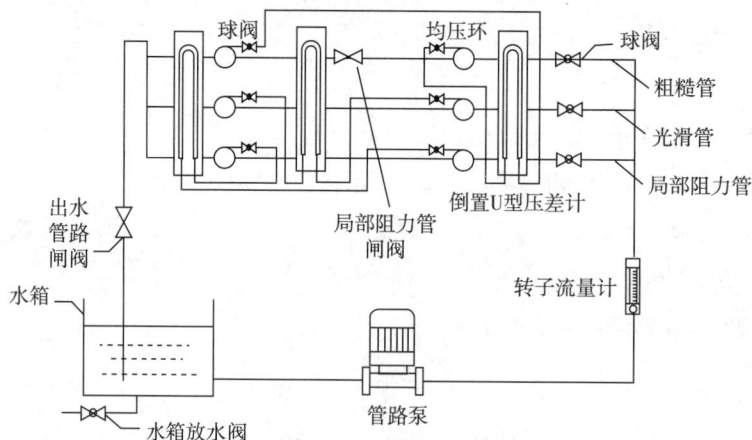

图 3-9　实验装置流程示意图

2. 实验流程　实验对象部分是由贮水箱，离心泵，不同管径、材质的水管，各种阀门、管件，涡轮流量计和倒 U 形压差计等所组成的。管路部分有三段并联的长直管，分别为用于测定局部阻力系数，光滑管直管阻力系数和粗糙管直管阻力系数。测定局部阻力部分使用不锈钢管，其上装有待测管件（闸阀）；光滑管直管阻力的测定同样使用内壁光滑的不锈钢管，而粗糙管直管阻力的测定对象为管道内壁较粗糙的镀锌管。水的流量使用涡轮流量计测量，管路和管件的阻力采用差压变送器将差压信号传递给无纸记录仪。

3. 装置参数 装置参数如表 3 – 13 所示。

表 3 – 13 装置参数

名称	材质	管内径（mm）		测量段长度（cm）
		管路号	管内径	
局部阻力管	不锈钢管 + 闸阀	1A	20. 0	95
光滑管	不锈钢管	1B	20. 0	100
粗糙管	镀锌铁管	1C	21. 0	100

【实验内容】

1. 泵启动 首先对水箱进行灌水，然后关闭出口阀，打开总电源和仪表开关，启动水泵，待电机转动平稳后，把出口阀缓缓开到最大。

2. 实验管路选择 选择实验管路，把对应的进口阀打开，并在出口阀最大开度下，保持全流量流动 5~10 分钟。

3. 排气 在计算机监控界面点击"引压室排气"按钮，则差压变送器实现排气。

4. 引压 打开对应实验管路的手阀，然后在计算机监控界面点击该对应阀，则差压变送器检测该管路压差。

5. 流量调节 手控状态，变频器输出选择 100，然后开启管路出口阀，调节流量，让流量从 1~4m³/h 变化，建议每次实验变化 0.5m³/h 左右。每次改变流量，待流动达到稳定后，记下对应的压差值；自控状态，流量控制界面设定流量值或设定变频器输出值，待流量稳定记录相关数据即可。

6. 计算 装置确定时，根据 d 和 u 的实验测定值，可计算 λ 和 ξ，在等温条件下，雷诺数 $Re = du\rho/\mu = Au$，其中 A 为常数，因此只要调节管路流量，即可得到一系列 $\lambda \sim Re$ 的实验点，从而绘出 $\lambda \sim Re$ 曲线。

7. 实验结束 关闭出口阀，关闭水泵和仪表电源，清理装置。

【数据记录与处理】

根据上述实验测得的数据填写下表。

实验日期：　实验人员：　学号：　温度：　装置号：

直管基本参数：　光滑管径粗糙管径　局部阻力管径

序号	流量（m³/h）	光滑管（mmH₂O）			粗糙管（mmH₂O）			局部阻力（mmH₂O）		
		左	右	压差	左	右	压差	左	右	压差

【注意事项】

1. 在测定实验数据前，首先要进行排气操作，赶走测压系统的空气。

2. 每次测量数据，须注意待流动达稳定后方可记录数据。

【思考题】

1. 在对装置做排气工作时，是否一定要关闭流程尾部的出口阀？为什么？

2. 如何检测管路中的空气已经被排除干净？

3. 以水做介质所测得的 $\lambda \sim Re$ 关系能否适用于其他流体？如何应用？

4. 在不同设备上（包括不同管径），不同水温下测定的 $\lambda \sim Re$ 数据能否关联在同一条曲线上？

5. 如果测压口、孔边缘有毛刺或安装不垂直，对静压的测量有何影响？

第四部分　综合性和设计性实验

实验 33　硫酸亚铁铵的制备及纯度检验

【实验目的】

1. 掌握硫酸亚铁铵的制备方法。
2. 熟悉台秤的使用以及加热、溶解、过滤、蒸发、结晶、干燥等基本操作。
3. 了解使用目视比色法检验产品。

【实验原理】

铁溶于稀硫酸中，生成硫酸亚铁，

$$Fe + H_2SO_4 = FeSO_4 + H_2 \uparrow$$

硫酸亚铁与等物质的量的硫酸铵在水溶液中作用，生成溶解度小于 $(NH_4)_2SO_4$ 和 $FeSO_4$ 的硫酸亚铁铵 $[FeSO_4(NH_4)_2SO_4 \cdot 6H_2O]$ 复盐，通过浓缩就可得到纯度较高的硫酸亚铁铵晶体。

$$FeSO_4 + (NH_4)_2SO_4 + 6H_2O = Fe(NH_4)_2(SO_4)_2 \cdot 6H_2O$$

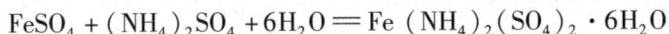

硫酸亚铁铵晶体又叫摩尔（mohr）盐，是浅绿色单斜晶体，加热至 100℃ 左右时失去结晶水，在空气中不易被氧化，稳定性高于硫酸亚铁，故在定量分析中常用基准物质，直接配制标准溶液或标定未知溶液浓度。

目视比色法是确定杂质含量的一种常用方法，在确定杂质含量后便能定出产品级别。将产品配成溶液，与其标准溶液进行比色，如果产品溶液的颜色比某一标准溶液的颜色浅，就可确定杂质含量低于该标准溶液中含量，即低于某一规定的限度，所以这种方法又称限量分析。本实验仅做摩尔盐中 Fe^{3+} 的限量分析。

【仪器和试剂】

1. 仪器　台秤，布氏漏斗，吸滤瓶，烧杯，酒精灯，三脚架，石棉网，铁架台，量筒，表面皿，蒸发皿，滤纸，洗瓶，玻璃搅拌棒。

2. 试剂　H_2SO_4（3mol/L），HCl（2mol/L），$(NH_4)_2SO_4$（固），Na_2CO_3（10%），KSCN（1mol/L），铁屑，Fe^{3+} 标准溶液。

【实验内容】

1. 铁屑表面油污的除去　称取 2.0g 铁屑，放入烧杯中，加入 15.0ml 10% 的 Na_2CO_3 溶液，用小火缓缓加热约 10 分钟，倾析除去碱液，使用蒸馏水冲洗干净铁屑，并用滤纸吸干，备用。

2. 硫酸亚铁溶液的制备　称取已处理过的铁屑 1.5g，放入烧杯中，加入 20.0ml 3mol/L 的 H_2SO_4 溶液，盖上表面皿，放在石棉网上用小火加热，直至铁屑与硫酸反应不再有气泡冒出为止。在加热过程中应及时向烧杯中加水，以补充被蒸发掉的水分，以防 $FeSO_4$ 的析出。趁热减压过滤，用热蒸馏水分三次洗涤烧杯及漏斗中的残渣（每次 5~10ml 热水），将洗涤液并入滤液中，滤液立即转移至蒸发皿中，备用。洗涤后的残渣与滤纸一起烘干、称重，计算出参加反应的铁屑的质量。

3. 硫酸亚铁铵的制备　计算出硫酸亚铁的理论产量及制备硫酸亚铁铵所需硫酸铵的质量，按计算量称取硫酸铵固体，配制成饱和溶液（硫酸铵的溶解度为 70.6g），加入硫酸亚铁溶液中，混合均匀后，在溶液中滴加 3mol/L 的 H_2SO_4 溶液调节至 pH 1 左右，而后将调整了 pH 的溶液放在石棉网上小火加热，蒸发浓缩至表面出现晶体膜为止（蒸发过程中切不可搅动溶液），放置，自然冷却至室温，即得到浅蓝绿色的硫酸亚铁铵晶体。用布氏漏斗减压过滤，尽可能抽干，使用 95% 的乙醇 5.0ml 洗涤晶体，继续抽滤，用滤纸吸干晶体上残留的母液，称重，计算产率。

4. 纯度检验 称取 1.00g 制得的产品置于 25ml 比色管中，用 15.0ml 不含溶解氧的蒸馏水溶解，用 1ml 移液管分别取 3mol/L 的 H_2SO_4 和 1.0mol/L 的 KSCN 各 1.00ml 加入比色管中，加不含溶解氧的蒸馏水至刻度，摇匀，与标准溶液比较，从而确定产品中 Fe^{3+} 含量所对应的级别（表 4 - 1）。

表 4 - 1　不同等级硫酸亚铁铵中 Fe^{3+} 的含量

规格	I 级	II 级	III 级
含 Fe^{3+} 量（mol/L）	0.05	0.1	0.2

［附］标准溶液配制（由实验室提供）

1. 在分析天平上称取 $Fe(NH_4)_2(SO_4)_2 \cdot 12H_2O$ 2.1585g，用少量蒸馏水溶解，并加入 7ml 3mol/L 的 H_2SO_4，转移至 250ml 容量瓶中，用蒸馏水稀释至刻度，摇匀，即得含 Fe^{3+} 1.0mol/L 的标准溶液。

2. 用移液管分别移取 1.0mol/L 的 Fe^{3+} 标准溶液 1.25ml、2.50ml、5.00ml 至三个比色管中，而后各加入 1ml 1.0mol/L 的 NH_4SCN 溶液，用蒸馏水均稀释至刻度，混匀盖好后则分别得到 I 级、II 级、III 级的标准溶液。

【思考题】

1. 在铁屑与稀硫酸反应的过程中，为什么一定要注意通风？

2. 本实验中，最好使用不含氧的蒸馏水，为什么？

3. 为什么要在酸性环境中制备硫酸亚铁铵？

4. 计算硫酸亚铁铵的产率时，应该以铁的用量为准还是以硫酸铵的用量为准？为什么？

实验 34　磺基水杨酸合铁配合物的组成及其稳定常数的测定

【实验目的】

1. 了解光度法测定配合物的组成及其稳定常数的原理和方法。

2. 进一步理解朗伯 - 比耳定律以及作图法求最大吸光度以及数据的处理方法。

3. 学习分光光度计的使用。

【实验原理】

当一束波长一定的单色光通过有色溶液时，光的一部分被溶液吸收，一部分透过溶液。对光的吸收和透过程度，通常有以下两种表示方法。

一种是用透光率 T 表示，即透过光的强度 I_t 与入射光的强度 I_0 之比

$$T = \frac{I_t}{I_0}$$

另一种是用吸光度 A（又称消光度、光密度）来表示。它是取透光率的负对数

$$A = -\lg T = \lg \frac{I_0}{I_t}$$

A 值大表示光被有色溶液吸收的程度大，反之 A 值小，光被溶液吸收的程度小。

实验结果证明：有色溶液对光的吸收程度与溶液的浓度 c 和光穿过的液层厚度 b 的乘积成正比，这一规律称为朗伯 - 比耳定律。

$$A = \varepsilon bc$$

这是比色分析方法的基础，式中 ε 是吸光系数（或消光系数）。当波长一定时，它是有色物质的一个特征常数。

在给定条件下，某中心离子 M 与配位体 L 反应，生成配离子（或配合物）ML_n（略去电荷符号）：

$$M(aq) + nL(aq) = ML_n$$

若 M 与 L 都是无色的，而只有 ML_n 有色，则根据朗伯 – 比尔定律可知溶液的吸光度 A 与配离子或配合物的浓度 c 成正比。本实验采用浓比递变法测定系列溶液的吸光度，从而求出该配离子（或配合物）的组成和稳定常数。

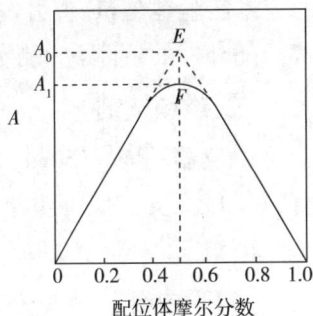

图 4 – 1 标准曲线

配制一系列含有中心离子 M 与配位体 L 的溶液，使 M 与 L 的总浓度（mol/L）保持一定，而 M 与 L 的摩尔分数作系列改变。例如，使溶液中 L 的摩尔分数依次为 0、0.1、0.2、0.3、… 0.9、1.0，而 M 的摩尔分数依次作相应递减。在一定波长的单色光中分别测定该系列溶液的吸光度。有色配离子（或配合物）的浓度越大，溶液颜色越深，其吸光度越大。当 M 和 L 恰好全部形成配离子时（不考虑配离子的解离），ML_n 的浓度为最大，吸光度也最大。若以 ML_n 溶液的吸光度 A 为纵坐标、溶液中配位体的摩尔分数为横坐标作图，所得曲线出现一个高峰，如图 4 – 1 中所示点 F，它所对应的吸光度为 A_1。如果延长曲线两侧的直线线段部分，相交于点 E，点 E 所对应的吸光度为 A_0，即为吸光度的极大值。E 或 F 所对应的配位体的摩尔分数即为 MLn 的组成。若点 E 或 F 所对应的配位体的摩尔分数为 0.5，则中心离子的摩尔分数为：

$$1.0 - 0.5 = 0.5$$

所以

$$\frac{配位体的物质的量}{中心离子的物质的量} = \frac{配位体的摩尔分数}{中心离子的摩尔分数} = \frac{0.5}{0.5} = 1$$

由此可知，该配离子（或配合物）的组成为 ML 型。

由于配离子（或配合物）有一部分解离，则其浓度比未解离时的要稍小些，点 F 处所实际测得的最大吸光度 A，也必小于由曲线两侧延长所得点 E 处即组成全部为 ML 配合物的吸光度 A。因而配离子（或配合物）ML 的离解度为：

$$\alpha = \frac{A_0 - A_1}{A_0}$$

配离子（或配合物）ML 的稳定常数 K_t 与离解度的关系如下：

$$ML = M(aq) + L(aq)$$

平衡时浓度/（mol/L）　　　　　　　$c_0 - c_0 a$　　$c_0 a$　　　$c_0 a$

$$K_f = \frac{\dfrac{c_{ML}^{eq}}{c^{\theta}}}{\left(\dfrac{c_{M}^{eq}}{c^{\theta}}\right)\left(\dfrac{c_{L}^{eq}}{c^{\theta}}\right)} = \frac{1-\alpha}{c_0 \alpha^2} \tag{4 – 1}$$

式中，c_0 表示点 E 所对应的配离子（或配合物）的起始浓度。

Fe^{3+} 与磺基水杨酸

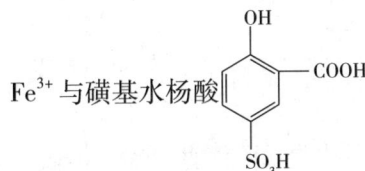

（可缩写为 H_3ssa）酸根离子能形成稳定的螯合物，螯合物的组成随

pH 值不同而有差异。磺基水杨酸溶液是无色的，Fe^{3+} 的浓度很稀时也可认为是无色的，它们在 pH 2~3 时，生成紫红色的螯合物（有一个配位体），反应可表示如下：

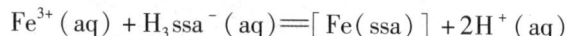

$$Fe^{3+}(aq) + H_3ssa^-(aq) = [Fe(ssa)] + 2H^+(aq)$$

pH4~9 时，生成红色螯合物（有 2 个配位体）；pH9~11.5 时，生成黄色螯合物（有 3 个配位体）；pH > 12 时，有色螯合物被破坏而生成 $Fe(OH)_3$ 沉淀。

本实验是在 pH 值为 2~3（用高氯酸 $HClO_4$ 来控制溶液的 pH 值，其优点主要是 ClO_4^- 不易与金属离子配合）的条件下，测定上述配合物的组成和稳定常数。

【仪器和试剂】

1. 仪器 烧杯（50ml，11 只；500ml），滴管，容量瓶（100ml，2 只），移液管（10ml，3 支），吸量管（10ml，2 支），洗耳球，玻璃棒，滤纸，分光光度计。

2. 试剂 $HClO_4$（0.01mol/L），磺基水杨酸（0.0100mol/L），硫酸高铁铵（NH_4）$Fe(SO_4)_2$（0.0100mol/L）。

【实验内容】

1. 溶液的配制

（1）配制 0.00100mol/L Fe^{3+} 溶液 使用移液管量取 10.00ml 0.0100mol/L（NH_4）$Fe(SO_4)_2$ 溶液注入 100ml 容量瓶中，用 $HClO_4$（0.01mol/L）溶液稀释至刻度，摇匀，备用。

（2）配制 0.00100mol/L 磺基水杨酸 H_3ssa 溶液 用移液管量取 10.0ml 0.0100mol/L H_3ssa 溶液，注入 100ml 容量瓶中，用 $HClO_4$（0.01mol/L）溶液稀释至刻度，摇匀，备用。

2. 系列配离子（或配合物）溶液的吸光度的测定

（1）用移液管或吸量管按表 4-2 的体积数量取各溶液，分别注入已编号的干燥小烧杯中，搅拌均匀。

（2）接通分光光度计电源，并调整好仪器，选定波长为 500nm 的光源。

（3）取 4 只厚度为 1cm 的比色皿，往其中 1 只中加入 $HClO_4$（0.01mol/L）溶液至约 4/5 容积处（用作空白溶液，放在比色皿框中的第一格内）；其余 3 只中分别加入各编号的待测溶液。分别测定各待测溶液的吸光度，并记录之。每次测定必须核对，记取稳定的数值。

表 4-2 系列配离子溶液的配制和吸光度的测定

溶液编号	0.01mol/L $HClO_4$ 溶液体积 V_1（ml）	0.00100mol/L Fe^{3+} 溶液体积 V_2（ml）	0.00100mol/L H_3ssa 溶液体积 V_3（ml）	H_3ssa 的摩尔分数	吸光度 A
1	10.00	10.00	0.00		
2	10.00	9.00	1.00		
3	10.00	8.00	2.00		
4	10.00	7.00	3.00		
5	10.00	6.00	4.00		
6	10.00	5.00	5.00		
7	10.00	4.00	6.00		
8	10.00	3.00	7.00		
9	10.00	2.00	8.00		
10	10.00	1.00	9.00		
11	10.00	0.00	10.00		

3. 配离子（或配合物）的组成和稳定常数的求得

（1）以配合物吸光度为纵坐标、H_3ssa 的摩尔分数为横坐标作图，从曲线两侧直线部分延长线的交点 E 所对应的溶液组成，求配合物的组成。

（2）A 为交点 F 所对应的吸光度，A_0 为交点 E 所对应的吸光度，求出配合物的解离度 a。

（3）将 a 值代入式（4-1），求出配合物的稳定常数 K_f。

【思考题】

1. 用等摩尔系列法测定配合物组成时，为什么说溶液中金属离子的物质的量与配位体的物质的量之比正好与配离子组成相同时，配离子的浓度为最大？

2. 用吸光度对配位体的体积分数作图是否可求得配合物的组成？

3. 在测定吸光度时，如果温度变化较大，对测得的稳定常数有何影响？

4. 实验中，每个溶液的 pH 值是否一样？如不一样，对结果有何影响？

5. 使用分光光度计要注意哪些操作？

实验 35　原子吸收光度法测定牡丹皮中的铁、铜、锌的含量

【实验目的】

1. 掌握火焰原子吸收光度法测定条件的选择方法；湿法消解方法的基本步骤。

2. 了解原子吸收光度计的工作原理和使用方法。

【实验原理】

微量元素的主要生理功能是构成酶和维生素的活性因子，构成某些激素并参与激素作用，影响核酸代谢，协同宏观元素发挥作用，与人体健康有着密切的关系。中草药的药效与其所含微量元素的含量密切相关，适量的金属元素不仅可以促进机体的生长发育，而且还可以提高机体的免疫功能，降低人类对疾病的易感性。因此，对中药中微量元素的分析检测对研究中药的药效及机理有着重要的意义。

原子吸收分光光度法（AAS）是基于待测元素的基态原子蒸气对特征波长电磁辐射的吸收进行金属元素定量分析的方法。原子吸收分光光度计根据原子化器不同，常见的有火焰原子化和石墨炉原子化法。火焰原子化法是将供试品溶液雾化成气溶胶后，再与燃气混合，进入燃烧灯头产生的火焰中，干燥、蒸发、离解供试品，使待测元素形成基态原子。石墨炉原子化法是通过电热石墨管将供试品溶液干燥、灰化，再经高温原子化使待测元素形成基态原子。

原子吸收光度分析时，使用空心阴极灯（HCL）作为光源，试样中待测元素的浓度 c 与吸光度 A 成正比。

$$A = K'c$$

在测定原子吸收分析前，必须对测试样品进行预处理。有机试样一般多采用湿法消解，即利用 HNO_3、$HClO_4$ 或其混合酸的强氧化性、强酸性在一定温度下使有机物质分解氧化成二氧化碳、水和各种气体，使待测的无机成分释放出来，形成不挥发的无机化合物，以便进行分析测定。

【仪器与试剂】

1. 仪器　原子吸收光度计，Fe、Cu、Zn 空心阴极灯，电热板，小烧杯。

2. 试剂　Fe、Cu、Zn 标准溶液（100μg/ml），HNO_3（优级纯），$HClO_4$（优级纯），0.2% HNO_3 溶液。

【实验内容】

1. 样品的消解　将预先干燥后用玛瑙研钵研细的牡丹皮粉末 0.5g 精密称定，置于 100ml 烧杯中，加入浓硝酸 10ml、高氯酸 3ml，盖上表面皿浸泡过夜；置于电热板上缓慢加热消解；消解完全后用 0.2% HNO_3 定容至 50ml，备用。用同样方法制备试剂空白溶液。

2. 标准曲线的绘制 精密量取 $100\mu g/ml$ 的 Fe、Cu、Zn 标准溶液 $0.5 \sim 2.5ml$ 于 50ml 容量瓶中，加入 0.2% HNO_3 定容。采用原子吸收分光光度法，以试剂空白溶液为参比，分别测定各元素标准溶液的吸光度。以标准溶液浓度 $c(\mu g/ml)$ 为横坐标，吸光度 A 为纵坐标，绘制标准曲线，得出回归方程和相关系数。

测定条件：波长：Fe 248.3nm、Cu 324.7nm、Zn 213.9nm，灯电流：Fe 5mA、Cu 3mA、Zn 5mA，空气－乙炔焰。其余工作条件采用仪器系统提供的数据。

3. 样品测定 按上述方法测定样品溶液吸光度，根据标准曲线求得其浓度并计算百分含量。

【数据记录与处理】

牡丹皮中的铁、铜、锌的含量测定

项目	铁标准溶液					样品
	1	2	3	4	6	
铁含量（$\mu g/ml$）						
吸光度 A						
回归方程（线性相关系数）						

项目	锌标准溶液					样品
	1	2	3	4	6	
锌含量（$\mu g/ml$）						
吸光度 A						
回归方程（线性相关系数）						

项目	铜标准溶液					样品
	1	2	3	4	6	
铜含量（$\mu g/ml$）						
吸光度 A						
回归方程（线性相关系数）						

【注意事项】

1. 消解样品时，先低温加热至棕色烟冒尽，然后高温加热至冒白烟，且消解液呈无色透明或略带黄色，继续加热至近干，冷却，加 0.2% 硝酸适量加热至残渣溶解，冷却，定容。

2. 消解加热时要控制温度使溶液保持微沸，如果消解时出现炭化趋势应立即停止加热，放置到室温后加浓硝酸和高氯酸（3∶1）混合酸，消解过程中颜色变深可立刻加几滴硝酸。

3. 在操作仪器之前，必须认真阅读仪器使用说明书，详细了解和熟练掌握仪器各部件的功能，严格按照仪器操作规程操作。在开启仪器前，首先应检查仪器电源系统、排风设备、电源、气体是否正常，必要时，应对气体连接进行检漏。使用火焰原子吸收光谱仪时，要特别注意可燃气体的检漏。

4. 在原子吸收分光光度计上测量的样品应确保无沉淀或悬浮物，必要时应重新过滤，一些颗粒很细的胶体溶液应离心，以免发生雾化器堵塞。

【思考题】

1. 简述原子吸收分光光度计的主要结构及空心阴极灯的工作原理。

2. 本实验的主要干扰因素及其消除措施有哪些？

实验36 邻二氮菲法测定微量铁的含量

【实验目的】

1. 掌握可见分光光度法用标准曲线法进行定量测定的方法。

2. 熟悉邻二氮菲测定 Fe^{2+} 的原理和方法；吸收曲线的绘制和测定波长的确定方法。

3. 了解紫外-可见分光光度计的操作。

【实验原理】

用分光光度法测定试样中的微量铁，目前一般采用邻二氮菲法，该法具有高灵敏度、高选择性，且稳定性好，干扰易消除等优点。在 pH 2~9 的溶液中，Fe^{2+} 与邻二氮菲（phen）生成稳定的橘红色配合物 $Fe(phen)_3^{2+}$：

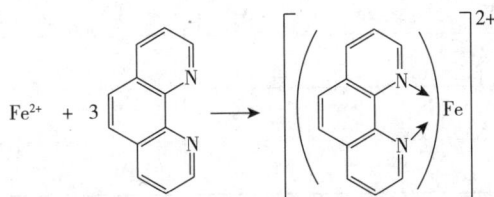

本方法不仅灵敏度高（摩尔吸光系数 $\varepsilon = 1.1 \times 10^4 L/(mol \cdot cm)$），而且选择性好，相当于含铁量40倍的 Sn^{2+}、Al^{3+}、Ca^{2+}、Mg^{2+}、Zn^{2+}，20倍的 Cr^{3+}、Mn^{2+}，5倍的 Co^{2+}、Cu^{2+} 等均不干扰测定。

在分光光度法中，一般通过在不同的波长（λ）下测量标准溶液的吸光度（A），以 A 对 λ 作图绘制吸收光谱，以最大吸收波长 λ_{max} 作为测定波长。这样，测量的灵敏度和准确度都较高。

Fe^{3+} 能与邻二氮菲生成3:1配合物，呈淡蓝色，$lgK_稳 = 14.1$。所以在加入显色剂之前，应用盐酸羟胺（$NH_2OH \cdot HCl$）将 Fe^{3+} 还原为 Fe^{2+}。

测定时控制溶液的酸度为 pH≈5 较为适宜。

根据 Lamber – Beer 定律：$A = \varepsilon bc$，当入射光波长 λ 及光程 b 一定时，在一定浓度范围内，有色物质的吸光度 A 与该物质的浓度 c 成正比。以吸光度 A 为纵坐标，浓度 c 为横坐标绘制标准曲线，然后测出待测溶液的吸光度，就可以由标准曲线查得对应的浓度值，即未知样的铁含量。

【仪器与试剂】

1. 仪器 紫外-可见分光光度计，吸收池（1cm 光程），25ml 容量瓶，吸量管。

2. 试剂 Fe 标准储备液［10μg/ml，准确称取 0.8634g $(NH_4)_2Fe(SO_4)_2 \cdot 12H_2O$ 置于烧杯中，加少量水和20ml H_2SO_4 溶液（1:1），溶解后，定量转移到1L 容量瓶中，用水稀释至刻度，摇匀，临用前，精密量取储备液 10ml，置于 100ml 容量瓶中，加水稀释至刻度，摇匀即得］，邻二氮菲溶液（0.15%，先用少量乙醇溶解再用水稀释，避光保存；溶液颜色变暗时即不能使用），盐酸羟胺溶液（10%，新配），HAc–NaAc 缓冲溶液（1mol/L），铁试样溶液。

【实验内容】

1. 标准溶液的配制 在序号为 1~6 号的 6 个 25ml 容量瓶中，用吸量管分别加入 0.00、1.00、2.00、3.00、4.00、5.00ml Fe 标准储备液（10μg/ml），分别加入 1ml 10% 盐酸羟胺溶液，摇匀后放置 2 分钟，再各加入 2ml 0.15% 邻二氮菲溶液、5ml HAc–NaAc 缓冲溶液，以水稀释至刻度，摇匀。显色10 分钟。

2. 吸收曲线的绘制 在分光光度计上，用1cm 吸收池，以试剂空白溶液（1 号）为参比，在 440~

560nm 之间，每隔 2nm 测定一次待测溶液（5 号）的吸光度 A，以波长为横坐标，吸光度为纵坐标，绘制吸收曲线，选择最大吸收波长作为测定波长。

3. 标准曲线的绘制 以试剂空白溶液（1 号）为参比，用 1cm 吸收池，在选定的测定波长下测定 2~6 号各显色标准溶液的吸光度。以铁的浓度为横坐标，相应的吸光度为纵坐标，绘制标准曲线，得到回归方程，线性相关系数应 ≥0.995。

4. 样品中铁含量的测定 精密量取 2ml 铁试样溶液，按步骤 1 显色后，在相同条件下测量吸光度，由标准曲线计算试样中微量铁的质量浓度。

【数据记录与处理】

微量铁的含量测定

项目	铁标准溶液						样品
	1	2	3	4	5	6	
铁含量（μg/ml）							
吸光度 A							
回归方程（线性相关系数）							

【注意事项】

1. 每个容量瓶贴好标签，标好序号。

2. 试剂的加入必须按顺序进行。

3. 分光光度计必须预热 20~30 分钟，待稳定后才能测量。

4. 吸收池必须配套，装上待测液后，透光面必须擦拭干净。实验完毕，将吸收池清洗干净，存于吸收池的盒内；关闭光度计主机电源。

【思考题】

1. 在紫外-可见分光光度法中，参比溶液的类型有几种？各自的适用条件是什么？

2. 用邻二氮菲法测铁含量时，为什么要加入盐酸羟胺？其作用是什么？试写出有关方程式。

实验 37　混合碱样的测定（双指示剂法）

【实验目的】

1. 熟练掌握滴定操作和滴定终点的判断。

2. 掌握双指示剂法测定混合碱分析的测定原理、方法和计算。

3. 了解用化学定量分析法解决实际问题。

【实验原理】

工业混合碱通常是 Na_2CO_3 与 NaOH 或 Na_2CO_3 与 $NaHCO_3$ 混合物。欲测定混合碱试样中各组分的含量，可用标准酸溶液进行滴定分析。根据滴定过程中 pH 值变化的情况，选用两种不同的指示剂分别指示第一、第二化学计量点的到达指示终点，这种方法称为双指示剂法。

根据到达两个化学计量点时消耗的 HCl 标准溶液的体积，便可判别试样的组成及计算各组分含量。

【实验设计要求】

1. 实验原理 将实验原理和详细写出有关计算公式。

2. 仪器与试剂 详细列出实验所需的各类仪器的规格和数量，所需的试剂（包括试剂的配制方法）。

3. 实验步骤　包括标准溶液的标定、各组分含量测定的步骤，并指出操作过程中的注意事项。

4. 实验结果　设计实验数据记录与处理表格（包括分析结果和偏差）。

5. 问题讨论　包括分析误差和实验总结等。

实验 38　阿司匹林的合成

【实验目的】

1. 学习乙酰水杨酸的合成方法。

2. 掌握水杨酸的检测方法，进一步巩固重结晶及抽滤等基本操作。

3. 了解阿司匹林的研究历史和医药领域的应用。

【实验原理】

制备乙酰水杨酸一般以水杨酸（邻羟基苯甲酸）和乙酸酐为原料，通过酯化反应进行。该反应是羧酸衍生物的相互转化反应，由酸酐制备酯，反应机理为亲核加成 - 消除机理。

水杨酸分子中的羧基与酚羟基之间形成分子内氢键，会阻碍了酚羟基的酰化。为了使酰化反应顺利进行，常加入浓硫酸将氢键破坏。同时酸性条件下，酸酐的羰基碳的正电性上升，加速酰化反应的进行。

为防止酸酐水解，反应体系要保证干燥无水。

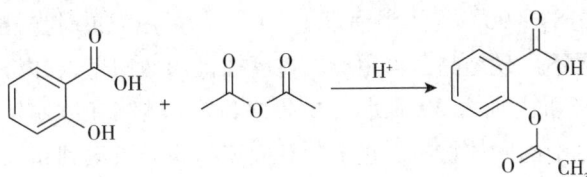

主反应：

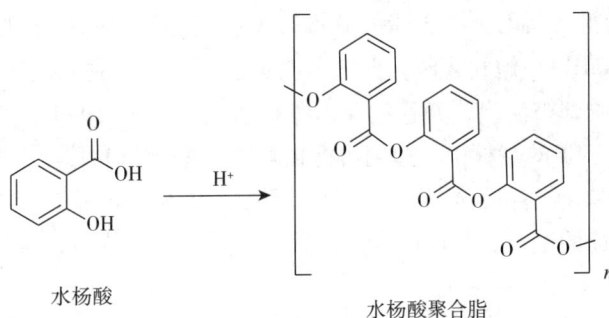

副反应：

水杨酸　　　　　　　水杨酸聚合脂

反应的主产物为阿司匹林，但是在生成乙酰水杨酸的同时，水杨酸分子之间可以发生酯化反应，生成少量的聚合酯和交酯等副产物。所以该反应要严格控制反应条件，防止生成其他副产物。

阿司匹林粗品中含有聚合酯等杂质，由于乙酰水杨酸可以与 $NaHCO_3$ 反应，生成水溶性的钠盐，而副产物聚合酯不能溶于 $NaHCO_3$，从而通过碱化过滤除去聚合酯杂质，然后再将钠盐滤液用盐酸酸化，使阿司匹林重新生成。再次过滤即可得到纯化后的阿司匹林，利用此性质可用于阿司匹林的精制。

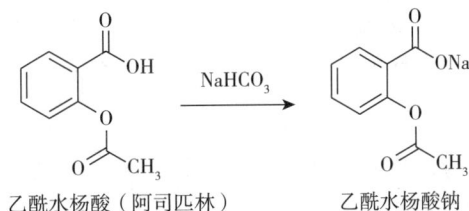

乙酰水杨酸（阿司匹林）　　　　　乙酰水杨酸钠

乙酰水杨酸钠　　　　　　乙酰水杨酸（阿司匹林）

由于乙酰化反应不完全，在产物中可能含有少量的水杨酸。水杨酸遇 $FeCl_3$ 溶液发生显色反应，因此利用此性质可检验精制后的阿司匹林中，是否还含有未反应完的水杨酸。

水杨酸，白色结晶体粉末，微溶于冷水，易溶于热水，乙醇，乙醚和丙酮。熔点 158~161℃。

乙酰水杨酸，白色结晶性粉末，溶于乙醇、乙醚，微溶于水，熔点 134~136℃。

【仪器与试剂】

1. 仪器　锥形瓶、抽滤装置、小烧杯、水浴、小试管，玻璃棒。

2. 试剂　水杨酸、乙酸酐、饱和碳酸氢钠水溶液、$FeCl_3$ 溶液（1%）、浓硫酸、盐酸（4mol/L）。

【实验内容】

1. 粗产品制备　在提前干燥好的 100ml 锥形瓶中，先后称量加入 3.2g 干燥的水杨酸，8ml 新蒸的乙酸酐和 8 滴浓 H_2SO_4，用纸盖住锥形瓶口，震荡锥形瓶使水杨酸尽可能溶解，在水浴上加热 10 分钟左右，控制水浴温度在 85~90℃（水浴锅设定 90℃），可用温度计监测反应液温度。冷至室温，即有阿司匹林结晶析出。如果不出现结晶，可用玻璃棒磨擦锥形瓶瓶壁，并将反应物置于冰水浴中冷却，加速结晶产生。然后向锥形瓶内加入 50ml 水（少量多次），继续在冰水浴中冷却使结晶完全。减压抽滤，用滤液反复冲洗锥形瓶中的固体物质，直至所有固体物质被收集到布氏漏斗中，用少量冰水洗涤漏斗内结晶，继续抽滤将溶剂尽量抽干，称量，粗产物约 2.8g。

2. 纯化　留少量粗产品用于第 3 步的分析（米粒大小）。将剩余固体粗产物转移到 150ml 烧杯中，在搅拌下加入 25ml $NaHCO_3$ 饱和溶液，少量多次加完后，继续搅拌几分钟，直至无 CO_2 气泡产生。减压抽滤，副产物聚合物即被滤出（布氏漏斗内黏稠状），用 5~10ml 水冲洗布氏漏斗。将滤液倒入预先盛有 15ml 4mol/L 的 HCl 的烧杯中，边倒边搅拌均匀，酸化至 pH=2，即有阿司匹林沉淀析出。将烧杯置于冰水浴中冷却，加速结晶完全。减压抽滤，压干布氏漏斗内晶体。用少量冷水洗涤两次，压干，将结晶用药匙转移到干净的纸上，包住产物，自然干燥一周后，称量计算产率。（纯乙酰水杨酸为白色针状结晶。熔点 135.8℃）

3. 纯度检验　取三支小试管，分别加入等量的反应物水杨酸，阿司匹林合成的粗产品，精制的阿司匹林（少量固体结晶，米粒大小即可），分别加入 1ml 乙醇和 5ml 水配成溶液。然后再分别加入 1~2 滴 1% $FeCl_3$ 溶液（注意三个试管同样多），震荡观察有无颜色反应，记录现象，分析解释原因。

【注意事项】

1. 反应要在无水环境中进行。

2. 温度要严格控制，有机反应副反应多，防止主产物产率太低。

3. 乙酸酐和浓硫酸有腐蚀性，要注意取用安全。

4. 抽滤时一定要分清楚滤液和布氏漏斗内物质是什么，哪些是目标产物。

【思考题】

1. 本实验中水杨酸乙酰化反应的机制是什么？

2. 水杨酸用三氯化铁检验的原理是什么？

实验 39　辅酶法合成安息香

【实验目的】

1. 学习安息香缩合反应的原理。
2. 掌握应用维生素 B_1 为催化剂合成安息香的实验方法，理解绿色合成的意义。
3. 进一步熟悉回流、重结晶等基本操作。

【实验原理】

在 CN^- 存在下，一些芳醛可缩合生成安息香（α-羟基酮）。

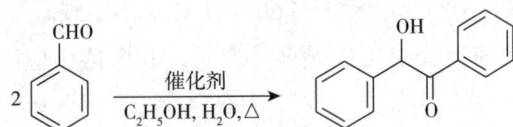

该反应早期使用的催化剂 NaCN（KCN）是剧毒物，使用不便。近年改用维生素 B_1 作催化剂，价廉易得、操作安全、效果良好。

维生素 B_1 又称硫胺素（Thiamine），是一种生物辅酶，具有维持正常糖代谢及神经传导功能，在生化过程中主要是对 α-酮酸的脱羧和生成 α-羟基酮等起到辅酶作用。维生素 B_1 的结构如下。

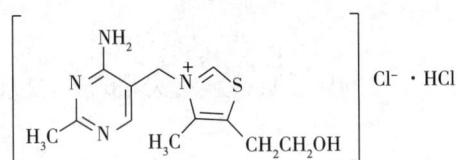

维生素 B_1 分子中右边噻唑环上氮、硫原子中间的氢呈酸性，在碱性条件下易被除去形成碳负离子，从而催化安息香的形成，详细历程如下。

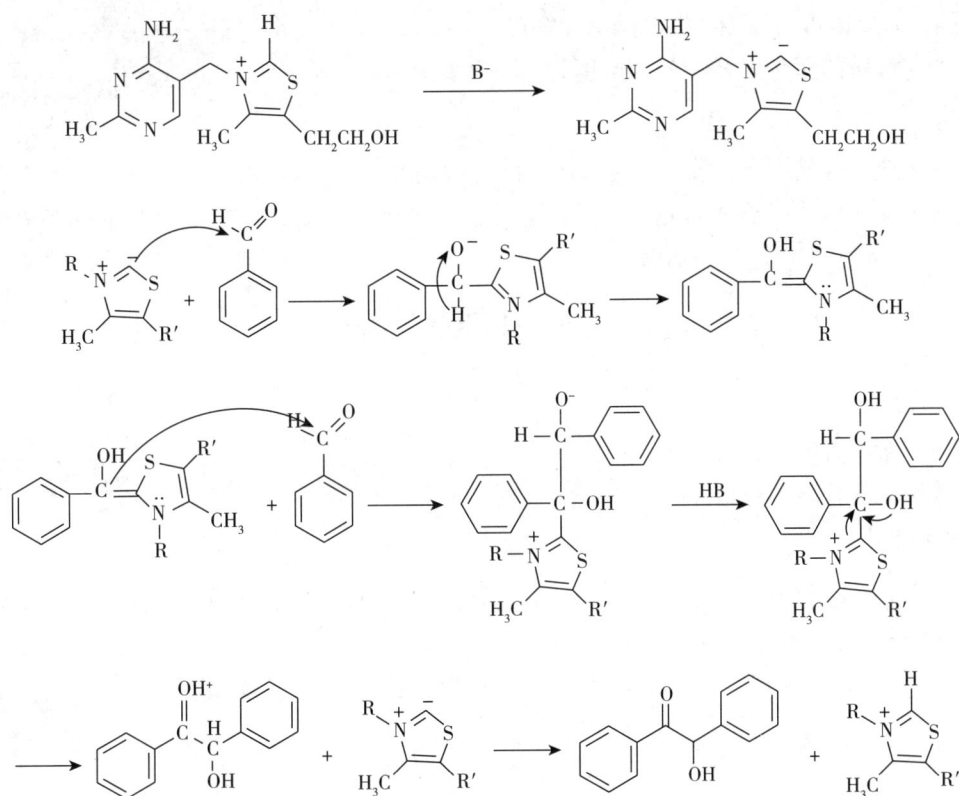

【仪器与试剂】

1. 仪器 圆底烧瓶、球形冷凝管、水浴锅、抽滤瓶、布氏漏斗、胶头滴管、量筒。

2. 试剂 苯甲醛（新蒸）、维生素 B_1、95% 乙醇、10% NaOH 溶液、pH 试纸。

【实验内容】

在 50ml 圆底烧瓶中加入 1.75g（0.005 mol）维生素 B_1、3.5ml 蒸馏水和 15ml 95% 乙醇，摇匀溶解后将烧瓶置于冰水浴中冷却。另取 5ml 10% NaOH 溶液于试管中，将其亦置于冰水浴中充分冷却。

在冰水浴冷却下，将冷透的氢氧化钠溶液，用胶头滴管逐滴加入至烧瓶中，边加边振摇。量取 10ml 新蒸的苯甲醛（约 10.4g，0.098 mol）加入至反应瓶中，调节反应液的 pH 9～10。去掉冰水浴，加入几粒沸石，装上回流冷凝管，将混合物置于 60～75℃ 水浴中反应 1 小时，后将水浴升温至 80～90℃，再继续反应 0.5 小时。反应过程中注意摇晃反应瓶，并保持反应液的 pH 9～10（pH 试纸检测，必要时可补加 10% 的氢氧化钠溶液，但注意不要加过量）。随着反应的进行，反应体系由无色逐渐变为橘黄色。

反应结束后，等反应混合物自然冷却至室温后将烧瓶置于冰水浴中使结晶析出完全。抽滤，并用约 20ml 的冷却蒸馏水洗涤两次，收集粗产品。粗产品可用 95% 乙醇重结晶，母液颜色较深时可加少量活性炭脱色。纯品自然晾干，称重，计算产率。

本实验可获得安息香 5.0～5.4g（产率 48%～52%）。

【注意事项】

1. 维生素 B_1 在反应中作催化剂，它的质量直接影响实验成败，应使用新开瓶或原密封、保管良好的维生素 B_1。

2. 维生素 B_1 溶液和 NaOH 溶液在反应前要用冰水充分冷透，否则维生素 B_1 的噻唑环在碱性条件下易开环失效，使实验失败。

3. 反应结束后，产物不能冷却太快。若冷却太快，产物易呈油状析出，可重新加热溶解后再缓慢冷却重新结晶，必要时可用玻棒摩擦瓶壁诱导结晶。

4. 安息香在沸腾的 95% 乙醇中的溶解度为 12～14g/100ml。

【思考题】

1. 安息香缩合、羟醛缩合、歧化反应有何不同？举例说明。

2. 本实验为什么要使用新蒸馏的苯甲醛？为什么加入苯甲醛后，反应混合物要保持在 pH 9～10？反应体系 pH 过低或过高对实验有何影响？

实验 40　苯甲酸的制备

【实验目的】

1. 掌握由甲苯制备苯甲酸的原理。

2. 熟悉苯甲酸的分离、纯化方法。

【实验原理】

苯甲酸是最简单的芳香酸，是一种有光泽的、白色片状或针状结晶。质轻，无气味或微有类似安息香或苯甲醛的气味，是一种常用的化工中间体。

本实验中，以甲苯为原料，利用高锰酸钾作为氧化剂制得，反应原理如下：

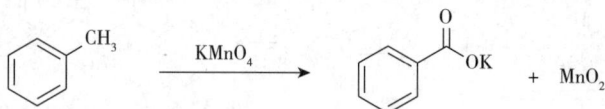

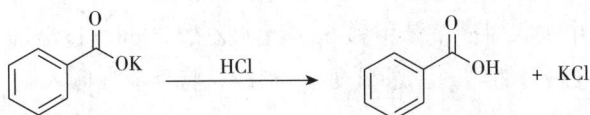

$$\text{C}_6\text{H}_5\text{COOK} \xrightarrow{\text{HCl}} \text{C}_6\text{H}_5\text{COOH} + \text{KCl}$$

【仪器及试剂】

1. 仪器 磁力搅拌器（电热套）、磁力搅拌子，双口圆底烧瓶（250ml）、温度计、热滤漏斗、回流冷凝管、抽滤瓶、布氏漏斗、烧杯、玻璃棒、玻璃塞、pH 试纸。

2. 试剂 甲苯2.7ml，高锰酸钾8.5g，浓盐酸。

【实验内容】

1. 氧化过程 在配有磁力搅拌（电热套）的250ml的双口圆底烧瓶中，加入甲苯2.7ml和100ml水。架上回流冷凝管，塞好玻璃塞，加热至微微沸腾。小心打开玻璃塞，分批加入高锰酸钾8.5g。加毕，塞好玻璃塞，继续加热回流，直至甲苯消失（反应体系中无油状物，需4~5小时）。

2. 酸化过程 反应完毕后，将反应液趁热倒入预先准备好的热滤装置中，并用少量热水洗涤滤渣。合并滤液至烧杯中，冷却，用浓盐酸酸化，直至溶液约为 pH=3。冰水冷却，抽滤，固体用少量冰水洗涤，干燥，称重，计算产率。

【注意事项】

1. 高锰酸钾需分批小心加入，每次加入量不宜过多，否则反应过于剧烈。
2. 酸化时，浓盐酸也需缓慢加入，防止固体溢出。

【思考题】

1. 本实验中可能影响苯甲酸产率的主要因素有哪些？
2. 氧化完毕之后，为什么要趁热过滤？

实验41 对硝基苯甲酸乙酯的合成

【实验目的】

1. 掌握酯化反应的机制。
2. 掌握加热回流反应的操作方法。

【实验原理】

对硝基苯甲酸乙酯是一种重要的医药中间体，可用于生产局部麻醉药苯佐卡因、丁卡因盐酸盐以及镇咳药等。本实验采用对硝基苯甲酸和乙醇为原料，在浓硫酸催化作用下，加热制备对硝基苯甲酸乙酯。反应式如下。

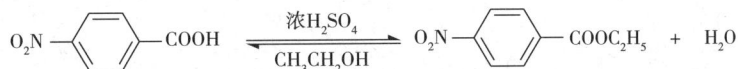

$$\text{O}_2\text{N}-\text{C}_6\text{H}_4-\text{COOH} \underset{\text{CH}_3\text{CH}_2\text{OH}}{\overset{\text{浓H}_2\text{SO}_4}{\rightleftharpoons}} \text{O}_2\text{N}-\text{C}_6\text{H}_4-\text{COOC}_2\text{H}_5 + \text{H}_2\text{O}$$

该反应为可逆反应，为提高酯的产率，应加入过量的乙醇，使平衡向右移动，利于对硝基苯甲酸乙酯的生成。

【仪器及试剂】

1. 仪器 磁力搅拌器（电热套）、磁力搅拌子、圆底烧瓶（100ml）、球形冷凝管、抽滤瓶、布氏漏斗、烧杯、滤纸等。

2. 试剂 对硝基苯甲酸、无水乙醇、浓硫酸（98%）。

【实验内容】

在干燥的100ml圆底瓶中加入对硝基苯甲酸6g，无水乙醇20ml，逐渐加入浓硫酸4ml，装上球形冷凝管，加热回流90分钟（电热套加热，注意温度）。稍冷，将反应液倾入到100ml水中，有白色固体析出，抽滤；

将滤饼移至烧杯中，加入5%碳酸钠溶液10ml，充分搅拌使固体分散成细小颗粒，测液体的pH值（检查是否呈碱性，若不为碱性，可再加入少量5%碳酸钠溶液直至溶液呈碱性），再次抽滤，固体用少量水洗涤，干燥，计算产率。

【注意事项】

取用浓硫酸时，应注意安全且注意加料顺序！！

【思考题】

1. 实验中为什么要用无水乙醇？
2. 实验中加入5%碳酸钠溶液的目的是什么？

实验42 查尔酮的合成

【实验目的】

1. 掌握羟醛缩合反应的机制。
2. 熟悉羟醛缩合反应的操作步骤。

【实验原理】

查尔酮及其衍生物广泛存在于甘草、红花等药用植物中的天然有机化合物。由于其分子结构具有较大的柔性，能与不同的受体结合，因此具有广泛的生物活性。文献报道，许多查尔酮类化合物具有抗肿瘤、抑制和清除氧自由基抗菌、抗病毒等生物活性。此外，由于查尔酮的共轭效应使其电子流动性非常好，且具有不对称的结构，所以也是优越的有机非线性光学材料，可以作为光储存、光计算、激光波长转换材料。

本实验中，以苯甲醛和苯乙酮为原料，利用Aldol缩合反应合成查尔酮，反应原理如下。

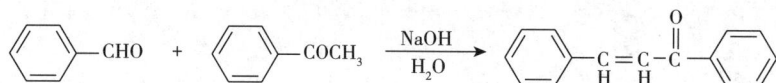

反应机制（碱催化）如下。

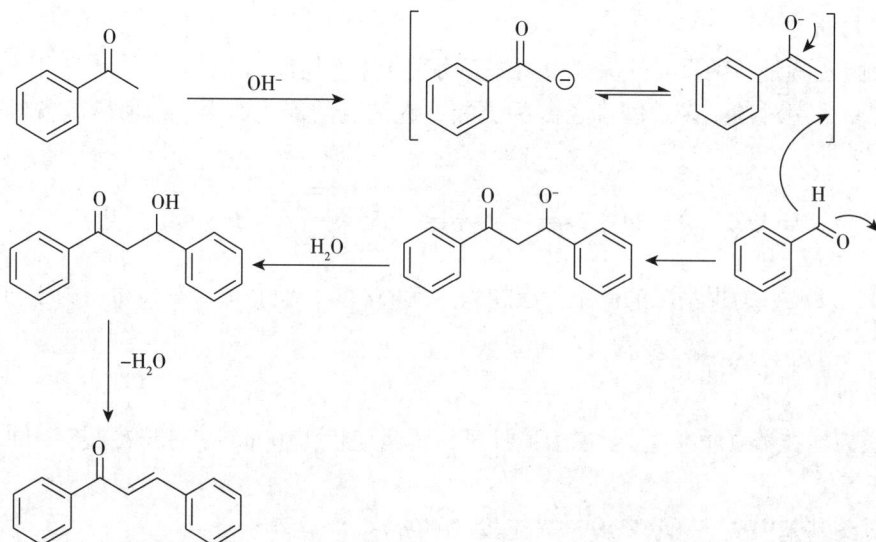

【仪器与试剂】

1. 仪器　磁力搅拌器、磁力搅拌子，圆底烧瓶（50ml）、温度计、抽滤瓶、布氏漏斗、烧杯、玻璃棒、胶头滴管、橡胶塞、pH 试纸。

2. 试剂　苯甲醛，苯乙酮，乙醇（95%），氢氧化钠水溶液（10%）。

试剂	分子量（g/mol）	密度（g/cm³）	状态
苯乙酮	120.14	1.03	无色油状液体
苯甲醛	106.12	1.04	无色液体

【实验内容】

常温下，在配有搅拌的 50ml 的圆底烧瓶中，依次加入苯甲醛 2.3g，苯乙酮 2.6g，95% 的乙醇 8ml，再用滴管滴加 10% 的氢氧化钠水溶液 10ml。滴加完毕，室温下继续搅拌反应 1.5~2 小时。

反应完全后圆底烧瓶中有沉淀析出，加入 10ml 水分散。抽滤，用少量水洗滤饼至滤液呈中性，即可得粗产品。干燥，称重，计算产率。（必要时可以用乙酸乙酯为溶剂进行重结晶，得浅黄色针状结晶，纯净的查尔酮的熔点为：55~56℃）。

【注意事项】

1. 氢氧化钠溶液配制好之后，需冷却至室温，再加入至反应瓶中。

2. 反应过程中，如不析出晶体，可向反应体系中加入少许纯的查尔酮做晶种，或者用玻璃棒刮擦烧瓶内壁，促使晶体析出。

【思考题】

本实验中可能的副反应有哪些？写出副反应的反应式。

实验 43　茶叶中咖啡因的提取及纯化

【实验目的】

1. 掌握从茶叶中提取咖啡因的基本原理和方法；索氏提取器提取有机物的原理和方法；升华法提纯易升华物质的原理和操作。

2. 通过咖啡因的提取和纯化，掌握一种从天然产物中分离提纯有机物的方法。

3. 了解咖啡因的一般性质，及其在医药领域的应用，熟悉蒸馏、萃取等基本操作。

【实验原理】

1. 咖啡因的提取原理

为了提取咖啡因，本实验主要利用咖啡因的溶解性，咖啡因易溶于乙醇中，综合安全性、成本和溶剂除去的难易程度，选择乙醇来萃取，蛋白质类、多糖类、无机物不易溶解于乙醇。乙醇提取液在蒸出乙醇后，即得到主要是咖啡因和鞣酸类物质的粗提取物质，即咖啡因粗产物。

间断的多次萃取效率差，繁琐且损失大。为了提高萃取效率，减少溶剂用量和纯化物的损失，一般多采用连续萃取装置。如图 4-2 所示。

连续萃取时，圆底烧瓶溶剂受热沸腾时，蒸汽通过蒸汽导管上升，受到冷凝管冷凝变为液体，滴入提取器内，与萃取固体粉末接触浸泡，萃取目标物质后，通过虹吸原理，经虹吸管，自动流入圆底烧瓶，溶剂再次受热汽化，冷凝后回流再进行溶解萃取，如此循环即可萃取出大部分物质，固体中的可溶解物质富集于到烧瓶中，从而提取目标成分。

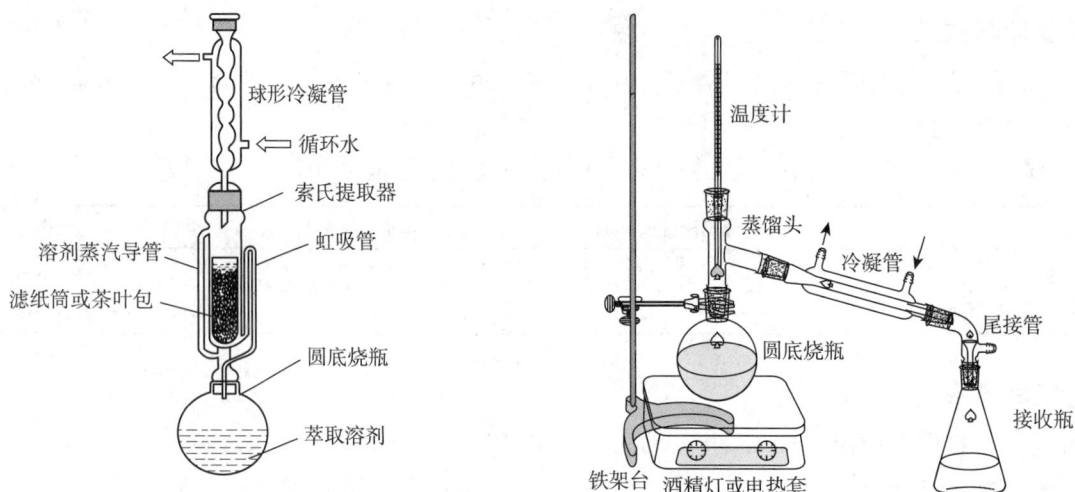

图 4-2 连续萃取装置蒸馏装置

索氏提取器具体使用方法如下。

（1）将固体物质研细，以尽量增大固液两相接触的表面积。

（2）将固体放入滤纸筒内（可用定型的筒形滤纸，或将滤纸卷成筒状，筒的直径略小于提取筒，上下要扎紧，不让固体溢出。也可以下部扎紧，上部盖一块圆形滤纸。或者使用专用的茶叶包。

（3）把滤纸及固体放入提取筒中，使滤纸筒上沿不超过虹吸管顶，以免影响虹吸顺利进行。

（4）从索氏提取器上口加入溶剂，当溶剂液面高于虹吸管顶部时，会发生虹吸现象，溶剂虹吸至烧瓶中，烧瓶内应先加入沸石（或磁子），此时再补加 10~15ml 左右溶剂，并记下溶剂的加入总量。

（5）装上冷凝器并通冷却水后开始加热，当溶剂沸腾时，其蒸汽通过蒸汽上升管上升到冷凝器，又冷凝滴回到提取筒中。当筒内液面高于虹吸管顶部，因此又虹吸液体流入烧瓶。这样使固体每次受到新鲜溶剂浸泡萃取。经过多次长时间循环，直到被萃取物质大部分被提取富集于烧瓶中。

（6）通过蒸馏除去萃取用的溶剂，即得到萃取目标的粗产物。

2. 咖啡因纯化（升华）原理

固体物质具有较高的蒸汽压时，往往不经过熔融状态就直接变成蒸汽，蒸汽遇冷直接变成固体。这个过程称为升华。为了从咖啡因粗产物中提纯咖啡因，利用咖啡因的易升华特性，通过升华法将其从杂质鞣酸、类脂等物质中分离。

加热炒干升华装置如图 4-3 所示。称取 3~4g CaO，研成粉末，拌入蒸馏后残留物（咖啡因粗产物）中形成茶砂。在水浴锅上充分炒干。研碎干燥好的待升华物质平铺在蒸发皿中。用一张穿有很多小孔的滤纸把三角玻璃漏斗包起来，再把该漏斗倒盖在蒸发皿上。漏斗颈部塞一团疏松的棉花，以防蒸汽溢出过快。将蒸发皿放在电热套中、酒精灯上或放在沙浴中，缓慢加热，把温度计水银球部分置于蒸发

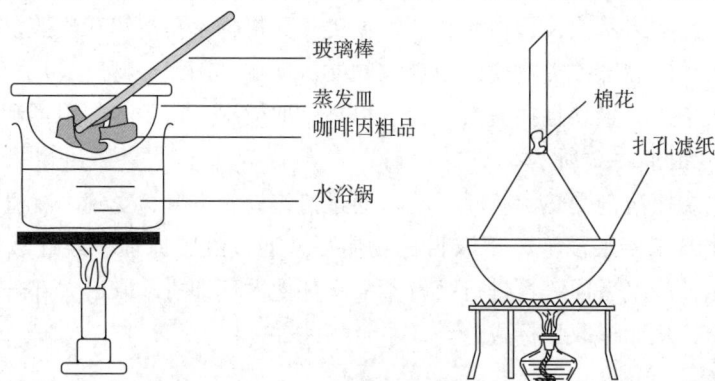

图 4-3 加热炒干、升华装置

皿底部靠近样品的部位，检测温度。升华温度控制在 220℃左右。从漏斗壁或滤纸孔上下观看升华后的结晶。漏斗外靠空气冷却。

【仪器与试剂】

1. 仪器 沙浴锅，索氏提取器（一套），蒸馏仪器（一套），烧杯，蒸发皿，漏斗，滤纸或专用茶叶包，电子天平，温度计。

2. 试剂 茶叶，乙醇（95%），生石灰，水杨酸。

【实验内容】

1. 咖啡因粗提 安装仪器、制作一个大小合适的滤纸筒。称取 10g 茶叶，研钵研碎，用滤纸包装好茶叶，压实，放入索氏提取器的套筒中，注意茶叶包的高度不能高于虹吸管高度，从索氏提取器上口加入溶剂，当溶剂液面高于虹吸管顶部时，会发生一次虹吸现象，溶剂回流至烧瓶中，此时再补加 10 ~ 15ml 左右乙醇溶剂，并记下溶剂的加入总量。圆底烧瓶提前加入沸石或磁子，电热套加热至沸腾，连续萃取 2 ~ 3 小时或 6 次；带冷凝液刚刚虹吸下去时，立即停止加热。提取器中茶叶包弃入垃圾桶。

稍冷后，去掉球形冷凝管和索氏提取器，在电热套和圆底烧瓶基础上，改为蒸馏装置，蒸出大部分乙醇，圆底烧瓶中蒸至约 5ml，停止蒸馏，提取液和沸石（或磁子）一并转移至蒸发皿中，烧瓶用少量乙醇洗涤，洗涤液也倒入蒸发皿中。用蒸气浴（水浴锅）玻璃棒搅拌蒸出残液，注意不必蒸得太干，同时回收蒸馏出的乙醇。

中和焙炒：蒸发皿中拌入 3 ~ 4g 生石灰，使成糊状，中和鞣酸类物质。蒸气浴加热，不断搅拌下蒸干，如出现结块情况，转移至研钵研碎，然后继续蒸干至粉末状，水浴蒸干。

2. 纯化 安装升华装置。用滤纸罩在蒸发皿上，并在滤纸上扎一些小孔，再罩上口径合适的玻璃漏斗，漏斗颈部疏松地塞一团棉花。注意蒸发皿内咖啡因粗提物要铺平，蒸发皿内壁擦干净。

初次升华。220℃沙浴升华。刮下咖啡因。

二次升华。残渣降温，经搅拌后升高沙浴温度升华。合并咖啡因，记录质量。

咖啡因可以通过测定熔点或光谱法鉴定，实验室常通过制备咖啡因的水杨酸盐来得到进一步确证，咖啡因的水杨酸盐熔点为 137℃。

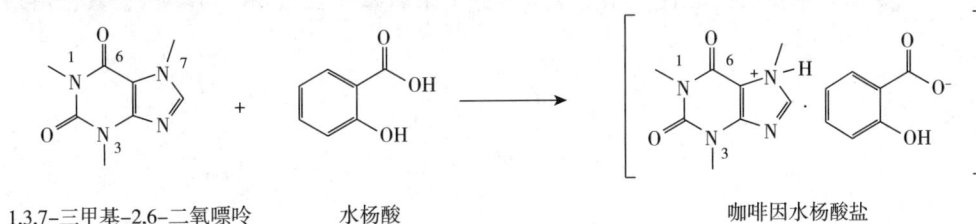

1,3,7-三甲基-2,6-二氧嘌呤　　　水杨酸　　　　　　　　　　　咖啡因水杨酸盐

实验流程：

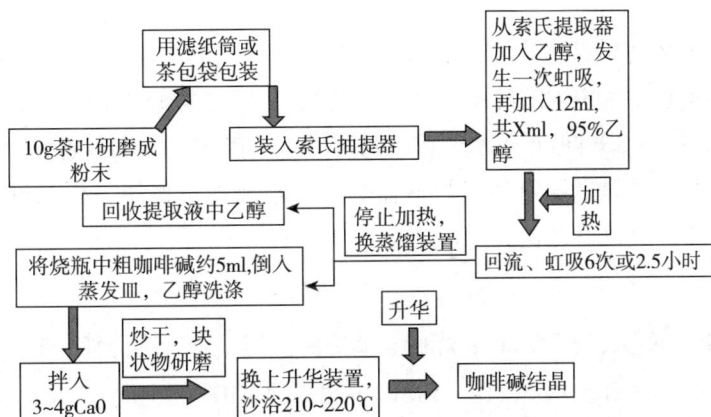

图 4-4 提取流程图

【注意事项】

1. 索氏提取器为配套仪器，其任一部件损坏将会导致整套仪器的报废，特别是虹吸管极易折断，所以在安装仪器和实验过程中须特别小心。

2. 滤纸包茶叶末时要包严实，防止茶叶末漏出导致虹吸管堵塞。滤纸长短粗细要合适，既能紧贴套管内壁，又能方便取放，其高度不能超出虹吸管高度。

3. 蒸馏浓缩提取液时不可蒸得太干，否则因残液很黏而难以转移，造成损失。

4. 刮下咖啡因时要小心操作，防止混入杂质。

5. 为防止炒干后的 NaCl 结成块状，炒干时应小火加热且不断搅拌。

6. 升华前，一定要将咖啡因粗提物炒成粉末状，一定要干燥，否则升华有水，影响收率。

7. 升华时要保证穿孔滤纸和蒸发皿的气密性，防止蒸汽不经过滤纸溢出，影响收率。

8. 升华温度控制在 210~220℃为宜，不可过高。

【思考题】

1. 本实验中使用生石灰的作用有哪些？

2. 索氏提取器的优点是什么？

实验 44　中药黄连中小檗碱的提取

【实验目的】

1. 学习和掌握水溶性生物碱的提取方法。

2. 熟悉回流法固–液连续萃取的装置及操作。

3. 了解黄连素的理化性质和一般化学检识方法。

【实验原理】

小檗碱，中药黄连的主要成分，是一种异喹啉类生物碱，有很强的抗菌、消炎、止泻等功效，已广泛应用于临床。黄连素为黄色针状晶体，熔点 145℃。小檗碱碱性强（pK_a 11.53），其水溶液有三种互变形式。

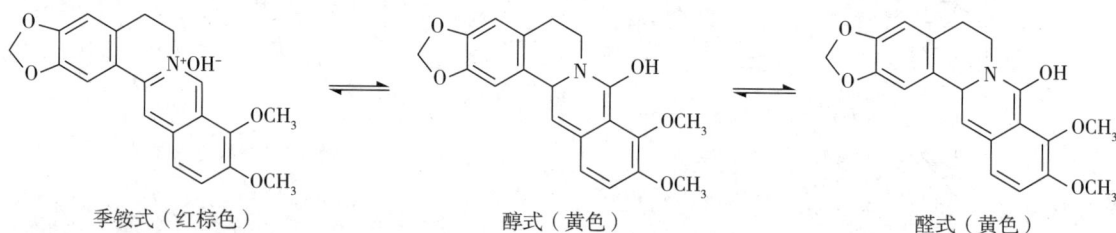

季铵式（红棕色）　　　　　醇式（黄色）　　　　　醛式（黄色）

游离的小檗碱微溶于水（1∶20）及乙醇（1∶100），易溶于热水及热醇，难溶于乙醚、石油醚、三氯甲烷等有机溶剂。其盐在冷水中溶解度小（尤其是盐酸盐），如盐酸盐 1∶500，枸橼酸盐 1∶125，酸性硫酸盐 1∶100，盐酸盐 1∶30，但在热水中都较易溶解。从黄连中提取黄连素，往往采用适当的热溶剂（如水、乙醇、硫酸等）提取，再利用其盐酸盐难溶于水及盐析作用，生物碱盐析出，以除去水溶性杂质。粗产品可用水重结晶进行纯化。

【仪器与试剂】

1. 仪器　电加热套、球形冷凝管、圆底烧瓶、蒸馏头、尾接管、抽滤瓶、布氏漏斗。

2. 试剂　黄连粉末、浓 H_2SO_4、CaO、NaCl、丙酮、NaOH（10%）、HCl（6mol/L）、碘化铋钾试剂。

【实验内容】

（一）黄连素的提取

称取 5.0g 预先粉碎的黄连粉末，放入 250ml 圆底烧瓶中，加入 100ml H_2SO_4 溶液（体积比 1∶49），装上回流冷凝管，浸渍 15 分钟后电磁搅拌加热至微沸，保持 0.5 小时。稍冷后抽滤，除去不溶性固体残渣，得小檗碱硫酸盐溶液。将滤液转入烧杯中，加入 NaCl 固体使溶液饱和（约17g），再加入 6mol/L HCl 调节至强酸性（pH 1~2），静置，析出粗小檗碱盐酸盐，抽滤。滤饼转入烧杯中加水 25ml，加热溶解，然后加氧化钙 3~3.5g，煮沸，充分搅拌，调节 pH 8.5~9.8，趁热抽滤，滤液为小檗碱溶液。在该滤液中加入滤液体积 4%~5% 的 NaCl，充分搅拌后，置于冰水浴中，使小檗碱充分结晶析出，抽滤，干燥，称重，计算提取率。

（二）黄连素的定性鉴别

1. 丙酮试验　取少许上述提取的黄连素置于试管中，加 2ml 蒸馏水振摇，加入 10% NaOH 溶液使呈强碱性，然后滴加数滴丙酮，即生成黄色沉淀。

2. 碘化铋钾试验　取少许上述提取的黄连素置于试管中，加 2ml 蒸馏水振摇，加一滴浓硫酸振摇，然后加碘化铋钾试剂数滴，即生成砖红色沉淀。

【注意事项】

1. 提取用稀硫酸浓度以 0.2%~0.3% 为宜，若硫酸浓度较大，小檗碱将会从硫酸盐转变成硫酸氢小檗碱，后者的溶解度（1∶100）明显较硫酸盐（1∶30）小，影响提取效果。

2. 若温度过高，溶液剧烈沸腾，黄连中的果胶等物质也被提取出来，使得后面的过滤变得困难。

3. 加 NaCl 的目的是利用其盐析作用以降低盐酸小檗碱在水中的溶解度。

【思考题】

为何要用石灰乳来调节 pH 值，用强碱氢氧化钾（氢氧化钾）是否可行？

实验 45　弱酸的电位滴定及电离平衡常数的测定

【实验目的】

1. 掌握电位滴定方法及确定终点的方法。

2. 学会运用 pH–V 曲线和（$\Delta pH/\Delta V$）–V 曲线与二级微商法确定滴定终点。

3. 学习测定弱酸离解常数的方法。

【实验原理】

电位滴定法是在滴定过程中根据指示电极和参比电极的电位差或溶液的 pH 的突跃来确定终点的方法，用于酸碱、沉淀、配位、氧化还原及非水等各种滴定。

乙酸 CH_3COOH（简写作 HAc）为一元弱酸，其 $pK_a=4.74$，当以标准碱溶液滴定乙酸试液时，在化学计量点附近可以观察到 pH 值的突跃。

以玻璃电极与饱和甘汞电极（或复合电极）插入试液即组成如下的工作电池。

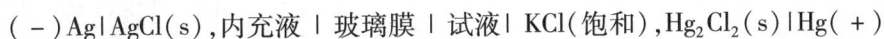

（ - ）$Ag|AgCl(s)$,内充液丨玻璃膜丨试液丨KCl(饱和),$Hg_2Cl_2(s)|Hg$（ + ）

记录加入标准碱溶液的体积 V 和相应被滴定溶液的 pH 值，常用的确定滴定终点的方法有以下几种。

1. pH–V 曲线法　以滴定剂用量 V 为横坐标，pH 为纵坐标，绘制 pH–V 曲线。作两条与滴定曲线相切的 45° 倾斜的直线，等分线与直线的交点即为滴定终点。

2. $\Delta pH/\Delta V - V$（一级微商）曲线法 以 pH 的变化值（ΔpH）与对应的加入滴定剂体积的增量（ΔV）之比，$\Delta pH/\Delta V - V$ 曲线的最高点对应的 V 值即为滴定终点。

3. $\Delta^2 pH/\Delta V^2 - V$（二级微商）曲线法 一级微商曲线的最高点，对应着二级微商$\Delta^2 pH/\Delta V^2 = 0$ 处，对应的 V 值即为滴定终点。

根据标准碱溶液的浓度，消耗的体积和试液的体积，即可求得试液中乙酸的浓度或含量。

根据乙酸的离解平衡：

$$HAc \Longrightarrow H^+ + Ac^-$$

其电离平衡常数 $K_a = \dfrac{[H^+] \times [Ac^-]}{[HAc]}$

当滴定分数为 50% 时，$[Ac^-] = [HAc]$，此时：$K_a = [H^+]$

即：$pK_a = pH$

因此在滴定分数为 50% 时的 pH 值即为乙酸的 pK_a。

【仪器与试剂】

1. 仪器 酸度计，复合 pH 玻璃电极，电磁搅拌器，搅拌磁子，25ml 碱式滴定管，移液管，100ml 烧杯，玻璃棒，洗瓶。

2. 试剂 标准缓冲溶液：邻苯二甲酸氢钾溶液（0.05mol/L，pH = 4.00），混合磷酸盐溶液（pH = 6.86），冰醋酸（AR），NaOH 标准溶液（0.1mol/L，具体以标定数据为准），酚酞指示液。

【实验内容】

以下操作步骤以 PHS-3E 酸度计为例，其他型号的酸度计的操作步骤可参考仪器使用说明书。

1. 开机准备、预热 取下 pH 复合电极下端的保护套，并且取下电极上段的橡皮套使其露出上端小孔，将 pH 复合电极及温度传感器安装在电极架上，然后用去离子水冲洗电极，并用滤纸条吸干后，打开仪器电源，预热 20 分钟以上。

2. 定位（或校准） 分别用混合磷酸盐溶液（pH = 6.86）和邻苯二甲酸氢钾溶液（pH = 4.00）对酸度计进行两点校正。

3. 粗测 准确吸取乙酸 0.2ml，置于已加入 50ml 蒸馏水的烧杯中，放入搅拌磁子，插入电极，打开电磁搅拌器，调节至适当的搅拌速度，测量并记录滴定前 HAc 溶液的 pH 值。测量在加入 NaOH 溶液 0、1、2、……时各点的 pH 值。初步判断发生 pH 值突跃时所需的 NaOH 体积范围。

4. 精确测定 重复 3 的操作，进行细测，即在化学计量点附近取较小的等体积增量，每次滴定剂加入量为 0.10ml，滴定到超过化学计量点为止。以增加测量点的密度。

5. 实验完成，清洗电极 实验完成，用去离子水冲洗 pH 复合电极及温度传感器，并用滤纸条吸干水分套上电极保护套（套中盛满电极保护液），关机。

【数据记录与处理】

以消耗的 NaOH 标准溶液的体积为横坐标，pH 为纵坐标，绘制 pH-V 曲线。并计算二级微商$\Delta^2 pH/\Delta V^2 = 0$，求出滴定终点所消耗的 NaOH 标准溶液体积 V_{ep} 和 $1/2V_{ep}$，$1/2V_{ep}$ 时的 pH 即为 pK_a。

【注意事项】

1. 使用前，检查玻璃电极前端的球泡。正常情况下，电极应该透明而无裂纹；球泡内要充满溶液，不能有气泡存在，如有气泡应用力甩去。

2. 注意电极浸入溶液的深度，既要插入液面，又要让磁性转子有充分的旋转余地，避免损坏电极。

3. 在化学计量点附近取较小的等体积增量，每次滴定剂加入量为 0.10ml 以方便数据处理。

4. 清洗电极后，不要用滤纸擦拭玻璃膜，而应用滤纸吸干，避免损坏玻璃薄膜。

5. 测量结束，及时套上电极保护套，电极应浸泡到少量外参比补充液中。

【思考题】

1. 用电位滴定法确定终点与指示剂法相比有何优缺点？

2. 当醋酸完全被氢氧化钠中和时，反应终点的 pH 值是否等于 7？为什么？

实验 46　高效液相色谱仪的使用及苯、甲苯的定性分析

【实验目的】

1. 掌握高效液相色谱法的原理和应用。

2. 了解高效液相色谱的结构。

3. 学会高效液相色谱仪器的基本操作方法。

【实验原理】

　　高效液相色谱法（HPLC）是一种基于经典液相色谱的分离技术，通过高压输送液体作为流动相，使用小粒径的固定相填料来提高柱效和分离能力。高效液相色谱仪的基本组件主要包括高压输液系统、进样系统、色谱分离系统、检测系统、数据处理和控制系统。

　　根据固定相的性质可分为吸附色谱、键合相色谱、离子交换色谱和排阻色谱等。其中化学键合相色谱应用最广，化学键合相是将特定的有机官能团通过化学反应键合到载体表面而形成的固定相。若采用极性键合相、非极性流动相，则称为正相色谱；采用非极性键合相，极性流动相，则称为反相色谱。目前使用最广泛的反相键合相是用十八烷基氯硅烷与硅胶表面的硅醇基反应，将十八烷基（$C_{18}H_{37}$—）键合到硅胶表面，也就是通常所说的 C_{18}（或 ODS）柱。

　　反相键合相色谱通常以水作基础溶剂，再加入一定量与水混溶的有机溶剂调整其洗脱能力。常用采用甲醇 – 水或乙腈 – 水体系等。

【仪器与试剂】

　　1. 仪器　高效液相色谱仪（配紫外检测器），十八烷基键合硅胶色谱柱：色谱柱（C_{18} 或 ODS 柱，4.6mm×150mm，5μm），滤膜（有机系、水系，0.45μm），针头过滤器（有机系、水系，0.45μm），溶剂过滤器，超声波清洗仪，液相进样针（50μl）。

　　2. 试剂　苯标准溶液（甲醇，1.0μg/ml），甲苯标准溶液（甲醇，1.0μg/ml）苯、甲苯混合待测溶液，甲醇（色谱纯），超纯水。

　　3. 色谱条件　C18 反相键合色谱柱（150mm×4.6mm，5μm）；柱温30℃；流动相，甲醇 – 水（80∶20）；流速 1ml/min；检测波长 254nm。

【实验内容】

　　1. 实验前准备　将流动相甲醇、水用 0.45μm 的滤膜分别过滤，并超声脱气 30 分钟。苯、甲苯标准溶液及待测溶液用 0.45μm 的滤膜分别过滤。

　　2. 排除气泡　按仪器操作规程操作，依次启动色谱仪各模块电源，待仪器自检完成，打开排气阀（Purge 阀），按下泵前面板的"Purge"键，仪器将以 6.0ml/min 的速度自动快速清洗泵内及管路残留的气泡，5 分钟将自动停止。依次将各通道进行 Purge，排除气泡。流路中没有气泡后，再关闭排气阀。

　　3. 开机　启动色谱分析软件，按照色谱条件设置相关参数，平衡色谱系统 15～20 分钟。

　　4. 苯、甲苯的定性分析　待基线稳定后，用液相进样针分别将苯标准溶液、甲苯标准溶液和混合待测溶液各 20μl 注入色谱仪，观察记录色谱图，根据标准溶液的保留时间，确定混合待测溶液中苯和

甲苯的位置。

5. 关机 实验完毕，根据要求，用纯甲醇冲洗色谱柱后，依次关闭软件、色谱仪各模块电源，关机。

【数据记录与处理】

1. 色谱条件

色谱柱：　　　　；流动相：　　　　；柱温：　　　℃；流速：　　　ml/min；

检测器：　　　；检测波长：　　　。

2. 记录参数 记录组分名、保留时间、半峰宽（或峰宽）、峰面积等参数，分别计算苯和甲苯的理论塔板数、理论塔板高度、拖尾因子及分离度。

表 4-3　高效液相色谱法测定样品中苯、甲苯

项目	保留时间（t_R）	W 或 $W_{1/2}$	理论塔板数 n	理论塔板高度 H	拖尾因子	分离度 R
苯						
甲苯						

【注意事项】

1. 实验前认真预习高效液相色谱仪使用方法及使用注意事项。

2. 纯有机相或含一定比例有机相的要用有机系的滤膜，水相或缓冲盐的要用水系滤膜。

3. 手动进样器要用平头微量注射器，不可用气相分析的尖头微量注射器，注意使用时的操作要领，防止针头和针芯折弯。使用前应先用待测溶液洗涤数次，量取样品时，注射器中不应有气泡。

4. 水相或含水相的流动相必须现用现配，不能放置过夜。

5. 抽取不同试样时，进样针必须先用甲醇洗净，再用待抽取的试样溶液润洗 4～6 次，方能抽取进样。使用完毕，须用甲醇抽洗干净后存放。

6. 仪器使用完毕，每个泵通道和整个流路一定要冲洗干净，最后用甲醇保存，以免结晶或造成污染。注意：流动相如使用缓冲盐，不能直接使用有机溶剂冲洗色谱系统。

【思考题】

1. 简述高效液相色谱法影响分离的因素和提高柱效的途径。

2. 气相色谱法和高效液相色谱法的异同点有哪些？

3. 流动相的选择有哪些依据？流动相在使用前为何要脱气？

实验 47　高效液相色谱法测定当归中阿魏酸的含量

【实验目的】

1. 掌握高效液相色谱法测定中药材中化学成分含量的方法。

2. 掌握高效液相色谱仪的基本结构和使用注意事项。

3. 进一步学习高效液相色谱法流动相、样品的处理方法。

【实验原理】

1. 外标法 高效液相色谱的定量方法常采用外标法，外标法有标准曲线法、外标一点法等。在药物分析中，为了减小实验条件波动对分析结果的影响，常采用外标一点法，即每次测定都同时进对照品与样品溶液。在同一台仪器、同样的分析条件下，进同样体积的对照品溶液和样品溶液分析，则有：

$$\frac{A_X}{A_R} = \frac{c_X}{c_R}$$

即：

$$c_X = \frac{A_X}{A_R} \times c_R$$

2. 标准曲线法　取对照品适量，配制成一定浓度的储备液，然后逐级稀释，配制成不同浓度凡人标准溶液（一般至少5个浓度），然后按照浓度由低到高的顺序进样分析（由低到高是避免系统误差），以标准溶液浓度为横坐标，峰面积为纵坐标，得到标准曲线及回归方程。测出样品的峰面积，在标准曲线上查出其对应的浓度。

【设计要求】

1. 本实验可根据具体情况，选择不同的中药及含量测定指标。

2. 实验原理：查阅资料将实验原理完善。

3. 仪器与试剂：详细列出实验所需的各类仪器的规格和数量，所需的试剂（包括试剂的配制方法）。

4. 实验步骤：具体的色谱条件和操作步骤，可参考现行版《中国药典》或查阅文献，包括标准溶液的配制、各组分含量测定的步骤等，并指出操作过程中的注意事项。

5. 实验结果：设计实验数据记录与处理表格（包括分析结果和偏差）。

6. 问题讨论：包括分析误差和实验总结等。

实验 48　中药离子渗析

【实验目的】

掌握离子透析的原理。

【实验原理】

近年来临床上常用中药通过离子透析的方式来治疗疾病，此法对某些疾病的疗效很显著，在治疗中无不适之感，易于被人们所接受。该法的治疗原理是在电场的作用下，药液中的离子向电性相反的电极迁移，离子在迁移过程中透过皮肤进入肌体内部，起到治疗作用。然而，凡是起到治疗作用的离子不论是阳离子还是阴离子，都必须能透过皮肤，否则起不到治疗疾病的作用。

确定某一药物是否可用于离子透析法治疗，决定于两点：①有效成分必须是离子；②粒子大小必须小于或等于1nm。

皮肤是半透膜，人造的火棉胶也是一种半透膜，其特点是允许某些离子自由通过，而有些离子如高分子离子则不能通过。其通透性和皮肤相似，可用火棉胶代替皮肤作探讨。

【仪器与试剂】

1. 仪器　电泳仪，直流稳压电源，电导率仪，安培计，秒表，石墨电极（或铂电极），电键，烧杯，量筒。

2. 试剂　乙醚，无水乙醇，硝化纤维（火棉胶），黄芪，当归，金银花。

【实验内容】

1. 测定自来水的电导　将50ml自来水装入100ml烧杯中，测定其电导率。

2. 测定蒸馏水的电导　将50ml蒸馏水装入100ml烧杯中，测定其电导率。

3. 药液的制备　取50g黄芪置于1000ml烧杯中，加入500ml蒸馏水煎煮30分钟，减压抽滤，取滤液备用。同法分别制备当归、金银花药液。

4. 药液电导率的测定　将50ml黄芪煎煮液装入100ml烧杯中，测定其电导率。同法分别测定当归、金银花煎煮液的电导率。

5. 中药离子透析液电导率的测定　在制备好的 2 个半透膜袋中均装入 3ml 的黄芪煎煮液，分别放入已注入一定量蒸馏水的电泳仪中（图 4-5），使液面距电泳仪管口约 3cm，于不同时间时测定其（无电场存在时的）电导率。然后将两电极插入到电泳仪两侧的支管中，按图接好线路接通电路，再于不同时间（0、5、10、15、20、25、30 分钟）时测定其（有电场存在时的）电导率。用同样的方法分别测定当归、金银花的电导率。

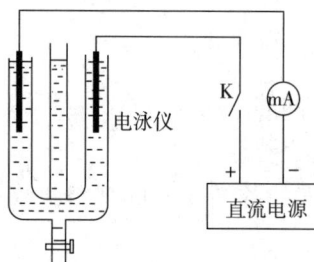

图 4-5　实验装置图

【数据记录与处理】

记录实验数据并填入下表中。

不同液体的电导率

样品名称	电导率（S/m）
自来水	
蒸馏水	
黄芪煎煮液	
当归煎煮液	
金银花煎煮液	

黄芪透析液电导率

无电场透析		有电场透析	
时间（min）	电导率（S/m）	时间（min）	电导率（S/m）

当归透析液电导率

无电场透析		有电场透析	
时间（min）	电导率（S/m）	时间（min）	电导率（S/m）

二花透析液电导率

无电场透析		有电场透析	
时间（min）	电导率（S/m）	时间（min）	电导率（S/m）

【思考题】

为什么从皮肤给药能起到治疗疾病的效果？

附　录

附录1　常见酸碱的浓度表

试剂名称	含量/（%）（质量分数）	相对密度	浓度/（mol/L）	试剂名称	含量/（%）（质量分数）	相对密度	浓度/（mol/L）
醋酸	99.5	1.05（约）	17	硫酸	96~98	1.84（约）	18
稀醋酸	36	1.04	6.3	稀硫酸	9	-	2
稀醋酸	12	-	2	浓磷酸	85	1.70	14.7
甲酸	90	1.20	23	稀磷酸	9	1.05	1
盐酸	36~38	1.18（约）	12	氢溴酸	40	1.38	7
稀盐酸	7	-	2	浓氢氟酸	40	1.13	23
硝酸	65~68	1.4	16	浓氢氧化钠	~41	1.44	~14.4
稀硝酸	32	1.2	6	稀氢氧化钠	8	-	2
稀硝酸	12	-	2	浓氨水	~28	0.91	14.8
高氯酸	70	1.67	12	稀氨水	3.5		2
稀高氯酸	19	1.12	2	氢氧化钙水溶液	0.15	-	-
氢碘酸	57	1.70	7.5	氢氧化钡水溶液	2		~0.1

附录2　常用有机溶剂的物理常数

名称	分子式	相对密度	熔点（℃）	沸点（℃）	溶解性 在水中（100g）	溶解性 易溶于有机溶剂类别
甲醇	CH_4O	0.7914（20℃）	-97.8	64.96	任意比例互溶	乙醇、乙醚、苯等
乙醇	C_2H_6O	0.7893（20℃）	-114.1	78.85	任意比例互溶	乙醇、苯、石油醚等
异丙醇	C_3H_8O	0.785（20℃）	-89.5	82.5	任意比例互溶	乙醇、乙醚等
正丁醇	$C_4H_{10}O$	0.8098（20℃）	-89.53	117.25	7.9g（20℃）	乙醇、乙醚等
丙酮	C_3H_6O	0.7899（20℃）	-94.9	56.5	任意比例互溶	乙醇、乙醚、乙醚等
苯	C_6H_6	0.879（20℃）	5.53	80.1	0.17g（25℃）	乙醇、乙醚、三氯甲烷等
甲苯	C_7H_8	0.872（20℃）	-94.9	110.6	0.053g（20℃）	乙醇、苯、乙醚等
四氯化碳	CCl_4	1.5842（25℃）	-23.0	76.8	0.8g（25℃）	乙醇、苯、三氯甲烷等
三氯甲烷	$CHCl_3$	1.484（20℃）	-63.5	61.2	1.0g（15℃）	乙醇、苯、乙醚等
二氯甲烷	CH_2Cl_2	1.335（15℃）	-97	40.0	1.3g（25℃）	乙醇、乙醚、三氯甲烷等
乙醚	C_2H_6O	0.7138（20℃）	-116.2	34.5	7.5g（20℃）	乙醇、苯、三氯甲烷等
乙酸乙酯	$C_4H_8O_2$	0.89（25℃）	-83.6	77.06	8.6g（20℃）	乙醇、乙醚、三氯甲烷等
甲酸	CH_2O_2	1.22（20℃）	8.6	100.5	任意比例互溶	乙醇、乙醚等
冰醋酸	$C_2H_4O_2$	1.0498（25℃）	16.70	117.9	任意比例互溶	乙醇、乙醚、四氯化碳等
N,N-二甲基甲酰胺	C_3H_7NO	0.9445（25℃）	-61	152.8	0.186g（20℃）	乙醇、乙醚、丙酮等
二硫化碳	CS_2	1.260（25℃）	-112	46.25	0.87g（20℃）	乙醇、乙醚、四氯化碳等

◎ 附表3　常用试剂溶液

试剂名称	$c(mol/L)$（近似）	配制方法
浓 HCl	12	
稀 HCl	6	取浓盐酸与等体积水混合
	2	取浓酸盐 167ml，稀释成 1L
浓 HNO$_3$	16	
稀 HNO$_3$	6	取浓硝酸 381ml，稀释成 1L
	2	取浓硝酸 128ml，稀释成 1L
浓 H$_2$SO$_4$	18	
稀 H$_2$SO$_4$	3	取浓硫酸 167ml，缓缓倾入 833ml 水中
	1	取浓硫酸 56ml，缓缓倾入 833ml 水中
稀醋酸	6	取冰醋酸 350ml，稀释成 1L
	2	取冰醋酸 118ml，稀释成 1L
浓氨水	15	
稀氨水	6	取浓氨水 400ml，稀释成 1L
	2	取浓氨水 134ml，稀释成 1L
NaOH 溶液	6	将氢氧化钠 240g 溶解后，稀释成 1L
	2	将氢氧化钠 80g 溶解后，稀释成 1L
硫化钠 Na$_2$S	1	称取 240g Na$_2$S·9HO、40gNaOH 溶于适量水中，稀释至 1L，混匀
硫化氨（NH$_4$）$_2$S	3	通 H$_2$S 于 200ml 浓氨水中直至饱和，然后再加 200ml 浓氨水，最后加水稀释至 1L，混匀
氯化亚锡 SnCl$_2$	0.25	称取 56.4g SnCl$_2$·2H$_2$O 溶于 100ml 浓 HCl 中，加水稀释至 1L，在溶液中放入几颗纯锡粒（亦可将锡溶解于一定量的浓 HCl 中配制）
三氯化铁 FeCl$_3$	0.5	称取 135.2g FeCl$_3$·6H$_2$O 溶于 100ml 6mol/L HCl 中，加水稀释至 1L
三氯化铬 CrCl$_3$	0.1	称取 26.7g CrCl$_3$·6H$_2$O 溶于 30ml 6mol/L HCl 中，加水稀释至 1L
硝酸铋 Bi(NO$_2$)$_2$	0.1	称取 48.5g Bi(NO$_3$)$_2$·5H$_2$O 溶于 250ml 1mol/L HNO$_3$ 中，加水稀释至 1L
硫酸亚铁 FeSO$_4$	0.25	称取 69.5g FeSO$_4$·7H$_2$O 溶于适量水中，加入 5ml 18mol/L H$_2$SO$_4$，再加水稀释至 1L，并置于小铁钉数枚
I$_2$ 水		将 1.3g I$_2$ 和 5gKI 溶解在尽可能少量的水中，待完全溶解后（充分搅动）再加水稀释至 1L
淀粉溶液		称取易溶淀粉 1g 和 HgCl$_2$5mg（作防腐剂）置于烧杯中，加水少许调成浆状，然后倾入 200ml 沸水中
丁二酮肟		称取 1g 丁二酮肟溶于 100ml 95% 乙醇中
碘 - 碘化钾溶液		称取 2g 碘和 5g 碘化钾溶于 100ml 水中
斐林试剂		斐林试剂 A：取 3.5g CuSO$_4$·5H$_2$O 于 100ml 水中，浑浊时过滤。斐林试剂 B：取酒石酸钾钠晶体 17g 溶于 15～20ml 热水中，加入 20ml 20% 的 NaOH 溶液，稀释至 100ml。此两种溶液要分别贮存，使用时取等量试剂 A 和试剂 B 混合即可
吐伦试剂（Tollens）		取 20ml 5% AgNO$_3$ 于一干净试管内，滴加 5% 氨水至沉淀恰好完全溶解，摇匀即得

◎ 附表 4　常用缓冲溶液

缓冲溶液组成	pK_a	缓冲溶液 pH 值	配制方法
一氯乙酸-NaOH	2.86	2.8	200g 一氯乙酸溶于 200ml 水中，加入氢氧化钠 40g，溶解后稀释至 1L
甲酸-NaOH	3.76	3.7	95g 甲酸和 40g 氢氧化钠溶于 500ml 水中，稀释至 1L
NH_4Ac-HAc	4.74	4.5	77g 醋酸铵溶于 200ml 水中，加冰醋酸 59ml，稀释至 1L
NaAc-HAc	4.74	5.0	120g 无水醋酸钠溶于水中，加冰醋酸 60ml，稀释至 1L
$(CH_2)_6N_4$-HCl	5.15	5.4	60g 六次甲基四胺溶于 200ml 水中，加浓盐酸 10ml，稀释至 1L
NH_4Ac-HAc	4.74	6.0	600g 醋酸铵溶于水中，加冰醋酸 20ml，稀释至 1L
NH_4Cl-NH_3	9.26	8.0	100g 氯化铵溶于水中，加浓氨水 7ml，稀释至 1L
NH_4Cl-NH_3	9.26	9.0	70g 氯化铵溶于水中，加浓氨水 48ml，稀释至 1L
NH_4Cl-NH_3	9.26	10	54g 氯化铵溶于水中，加浓氨水 350ml，稀释至 1L

◎ 附表 5　常用酸碱指示剂

名称	变色 pH 范围（点）	颜色变化	配制方法
百里酚蓝（0.1%）	2~2.8	红~黄	0.1g 百里酚蓝溶于 4.3ml 0.05mol/L NaOH 溶液，加水稀释成 100ml
甲基橙（0.1%）	3.1~4.4	红~黄	0.1g 甲基橙溶于 100ml 热水中，冷却
溴酚蓝（0.1%）	3.0~4.6	黄~蓝紫	1g 溴酚蓝溶于 3ml 0.05mol/L NaOH 溶液，加水稀释成 100ml
溴甲酚绿（0.1%）	3.8~5.4	黄~蓝	0.1g 溴甲酚绿溶于 21ml 0.05mol/L NaOH 溶液，加水稀释成 100ml
甲基红（0.1%）	4.8~6.0	红~黄	0.1g 甲基红溶于 60ml 乙醇中，加水至 100ml
酚酞（0.1%）	8.2~10.0	无色~红	0.1g 酚酞溶于 90ml 乙醇中，加水至 100ml
百里酚酞（0.1%）	9.4~10.6	无色~蓝	0.1g 百里酚酞溶于 90ml 乙醇中，加水至 100mL
溴甲酚绿-甲基红	5.1	酒红~绿	0.1% 溴甲酚绿乙醇溶液与 0.2% 甲基红乙醇溶液按体积比 3∶1 混匀
甲基红-亚甲基蓝	5.4	红紫~绿	0.2% 甲基红乙醇溶液与 0.1% 亚甲基蓝乙醇溶液按体积比 1∶1 混匀
溴甲酚绿钠盐-氯酚红钠盐	6.1	黄绿~蓝紫	0.1% 溴甲酚绿钠盐水溶液与 0.1% 氯酚红钠盐水溶液按体积比 1∶1 混匀
中性红-亚甲基蓝	7.0	蓝紫~绿	0.1% 中性红乙醇溶液与 0.1% 亚甲基蓝乙醇溶液按体积比 1∶1 混匀
溴百里酚蓝钠盐-酚红钠盐	7.5	黄~绿	0.1% 溴百里酚蓝钠盐水溶液与 0.1% 酚红钠盐水溶液按体积比 1∶1 混匀
百里酚蓝钠盐-甲酚红钠盐	8.3	黄~紫	0.1% 百里酚蓝钠盐水溶液与 0.1% 甲酚红钠盐水溶液按体积比 3∶1 混匀
百里酚蓝-酚酞	9.0	黄~紫	0.1% 百里酚蓝乙醇溶液与 0.1% 酚酞乙醇溶液按体积比 1∶3 混匀
酚酞-百里酚酞	9.9	无色~紫	0.1% 百里酚酞乙醇溶液与 0.1% 酚酞乙醇溶液按体积比 1∶1 混匀

附表6　沉淀及金属指示剂

名称	游离态颜色	化合物色	配制方法
铬酸钾	黄	砖红	50g/L 水溶液
硫酸铁铵（40%）	无色	血红	$NH_4Fe(SO_4)_2 \cdot 12H_2O$ 饱和水溶液，加数滴浓硫酸
荧光黄（0.5%）	绿色荧光	玫红	0.50g 荧光黄溶于乙醇，并用乙醇稀释至 100ml
铬黑 T（EBT）	蓝	酒红	1g 铬黑 T 与 100g 氯化钠研细，混匀（1:100）
钙试剂	蓝	红	0.5g 钙指示剂与 100g 氯化钠研细，混匀
二甲酚橙（0.1%）	黄	红	0.1g 二甲酚橙溶于 100ml 去离子水中
磺基水杨酸	无色	红	10% 水溶液
PAN 指示剂（0.2%）	黄	红	0.2gPAN 溶于 100ml 乙醇中

附表7　氧化还原指示剂

名称	变色电位（V）	氧化态颜色	还原态颜色	配制方法
二苯胺（1%）	0.76	紫	无色	1g 二苯胺在搅拌下溶于 100ml 浓硫酸和 100ml 浓磷酸中，贮于棕色瓶
二苯胺磺酸钠（0.5%）	0.85	紫	无色	0.5g 二苯胺磺酸钠溶于 100ml 水中，必要时过滤
邻菲罗啉-硫酸亚铁（0.5%）	1.06	淡蓝	红	0.5g $FeSO_4 \cdot 7H_2O$ 溶于 100ml 水中，加 2 滴硫酸，加 0.5g 邻菲罗啉
邻苯氨基苯甲酸（0.2%）	1.08	紫红	无色	0.2g 邻苯氨基苯甲酸加热溶解于 100ml 0.2% 碳酸钠溶液中，必要时过滤
淀粉（1%）				1g 可溶性淀粉加少许水调成浆状，在搅拌下注入 100ml 沸水中，微沸 2 分钟，放置，取上层清液使用（可加入 1mgHgI$_2$ 做防腐剂）

附录8　常见干燥剂的性能及应用范围

名称	适用物质	不适用物质	备注
碱石灰，BaO，CaO	中性和碱性气体，胺类，醇类，醚类	醛类，酮类，酸性物质	适用于干燥气体，与水作用生成 $Ba(OH)_2$，$Ca(OH)_2$
NaOH，KOH	胺类，醚类，烃类，肼类，碱性物质	醛类，酮类，酸性物质	容易潮解，所以一般用于预干燥
K_2CO_3	胺类，醇类，一般的生物碱，酯类，肼类，腈类，卤素类衍生物	酸类，酚类及酸性物质	容易潮解
$CaSO_4$	普遍适用	—	首先用硫酸钠作为预干燥剂
Na_2SO_4，$MgSO_4$	普遍适用	—	—
$CaCl_2$	烃类，醚类，酯类，卤代烷烃，腈类，醛类，中性气体，氯化氢，CO_2	醇类，胺类，酸类，酸性物质，	一种廉价的干燥剂，可与许多含氮，含氧类化合物形成溶剂化物，络合物
P_2O_5	大多数中性和酸性气体，乙炔，二硫化碳，烃类，酸类物质，酸酐	碱性物质，醇类，酮类，醚类，易发生聚合的物质，氨气	使用其干燥气体时，必须与载体或填料混合。本品易潮解，与水作用生成磷酸，偏磷酸

续表

名称	适用物质	不适用物质	备注
浓 H_2SO_4	大多数中性和酸性气体，各种饱和烃类，卤代烃，芳烃类化合物	不饱和的有机化合物，醇类，碱性物质，硫化氢，碘化氢，氨气	不适宜升温干燥和真空干燥
金属 Na	醚类，饱和烃类，叔胺类，芳烃类	卤代烷烃（发生爆炸危险），醇类，伯胺，仲胺类化合物，以及与金属 Na 起作用的物质	一般先用其他干燥剂预干燥
$Mg(ClO_4)_2$	含有氨的气体	易氧化的物质	大多用于分析目的，适用于各种分析工作，能溶于多种溶剂中，处理不当会发生爆炸危险
CaH_2	烃类，醚类，酯类，C_4 及 C_4 以上的醇类物质	醛类，含有活泼羰基类化合物	作用比 $LiAlH_4$ 慢，但效率相近，且较为安全，是最好的脱水剂之一
硅胶	酸性物质	碱性物质	加热干燥后可重复使用
分子筛	大多数有机溶剂	不饱和烃	特别适用于低分压干燥

参考文献

［1］吴培云，杨怀霞．无机化学实验［M］．3 版．北京：中国医药科技出版社，2023．

［2］梁慧光，龙海涛．基础化学实验［M］．3 版．北京：中国农业出版社，2021．

［3］唐向阳．基础化学实验教程［M］．4 版．北京：科学出版社，2023．

［4］孟长功．基础化学实验［M］．3 版．北京：高等教育出版社，2019．

［5］彭晓霞．大学化学实验［M］．2 版．兰州：兰州大学出版社，2015．

［6］迟玉梅．分析化学实验［M］．2 版．北京：中国医药科技出版社，2018．

［7］吴巧凤，李伟．无机化学实验［M］．3 版．北京：人民卫生出版社，2021．

［8］赵骏．有机化学实验［M］．3 版．北京：中国医药科技出版社，2023．